图解灾害百科丛书

火 灾

谢宇　主编

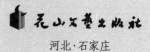

花山文艺出版社

河北·石家庄

图书在版编目（CIP）数据

火灾 / 谢宇主编. -- 石家庄：花山文艺出版社，
2013.4（2022.2重印）
　　（图解灾害百科丛书）
　　ISBN 978-7-5511-1100-3

　　Ⅰ．①火… Ⅱ．①谢… Ⅲ．①火灾－灾害防治－青年
读物②火灾－灾害防治－少年读物 Ⅳ．①TU998.1-49

中国版本图书馆CIP数据核字(2013)第128591号

丛 书 名：图解灾害百科丛书
书　 名：火　灾
主　 编：谢　宇
责任编辑：贺　进
封面设计：慧敏书装
美术编辑：胡彤亮
出版发行：花山文艺出版社（邮政编码：050061）
　　　　　（河北省石家庄市友谊北大街 330号）
销售热线：0311-88643221
传　　真：0311-88643234
印　　刷：北京一鑫印务有限责任公司
经　　销：新华书店
开　　本：880×1230　1/16
印　　张：10
字　　数：190千字
版　　次：2013年7月第1版
　　　　　2022年2月第2次印刷
书　　号：ISBN 978-7-5511-1100-3
定　　价：38.00元

目　　录

1

一、认识火灾

（一）触目惊心的火灾事故

1993年2月14日13时15分，某百货大楼由于无证焊工在作业时不慎将电焊熔渣落在家具厅的可燃物上引起火灾，死亡80人，受伤55人，直接经济损失共计401.2万元，在灭火过程中，16名消防官兵受伤。

1997年1月29日，某酒家（8层，个体承包）因为保安人员使用酒精炉取暖不慎而发生火灾，当地消防部门接警后全力救人灭火，共救出被困人员100余人，11名公安干警、消防人员在此次灭火战斗中光荣负伤。大火造成40人死亡、89人受伤，烧毁建筑面积997平方米及若干卡拉OK设备等，直接财产损失共计97万元。

1998年1月3日2时15分，某宾馆发生火灾，造成24人死亡（其中跳楼摔死4人）、14人受伤，烧毁建筑1680平方米及一批物品，直接财产损失共计31.6万元。发生火灾的原因是宾馆保安员使用电暖器取暖的过程中，长时间离位，电暖器烤着附近可燃物所致。

2008年11月14日早晨6时10分许，某校区宿舍楼602女生寝室发生火灾，过火面积达20平方米左右。因室内火势过大，4名女大学生从6楼寝室阳台跳楼逃生，不幸当场死亡。

2009年1月31日晚，某酒吧发生特大火灾，火灾共造成15人死亡。

　　以上这一组组触目惊心的数字摆在我们的面前，不得不唤起我们对"火灾"的认识和思考。

（二）火灾分类与发展阶段

　　火是人类的朋友。从祖先发明钻木取火开始，我们就学会了用火为我们服务。人类文明及社会的进步因为火的存在而不断发展。我们不仅用火取暖、照明，甚至是作燃料，做饭，发动机器等等。然而当火势发展到不可控制，造成生命财产损失的伤害事件的时候，火就成了我们的敌人，这就是火灾。

1.火灾分类

根据火灾发生的火源性质，一般情况下，我们可以将火灾分为A、B、C、D四类。

A类：固体物质火灾。这些固体物质往往具有有机物性质，一般在燃烧时能产生灼热的余烬，如木材、棉、毛、麻、纸张等。

B类：液体火灾和可熔化的固体火灾，如汽油、煤油、原油、甲醇、乙醇、沥青、石蜡等燃烧所致的火灾。

C类：气体火灾，如煤气、天然气、甲烷、乙烷、丙烷、氢气等燃烧所致的火灾。

D类：金属火灾，如钾、钠、镁、钛、钴、锂、铝镁合金等燃烧所致的火灾。

2.火灾发展阶段

火灾由开始燃烧到最后消灭的时候经历了四个发展阶段，即分为火灾初起期、火灾成长期、猛烈燃烧期和火灾衰减期。

（1）火灾初起期

火灾初起时，一般火势比较小，火势会因为室内氧气的减少而自动减弱。这段时间的长短，随建筑物结构及空间大小的不同而不同。如初起期未能灭火，火势将因门窗玻璃或其他薄弱部分的破坏，得到新鲜空气补充而变大。

初期火灾的扑救方法简单易学，如果再掌握灭火技巧，面对火魔，就更容易使自己立于不败之地。为了自身的安全，灭火时应背对着逃生出口。一旦初期灭火失败，可以从该出口迅速撤离。使用灭火器时，不要被向上升腾的火焰和烟气所迷惑，应对准火源——燃烧的物品喷射。即使用灭火器扑灭的火，也有再次燃烧的可能，所以扑灭之后要再浇水，使之彻底熄灭。救火时，应站在上风口处，顺风灭火。

我们知道着火后3分钟，火焰就会烧到顶棚，初期灭火的限度也在这3分钟内，我们自己能够进行的初期灭火活动到此为止。反过来说，就是火焰烧到顶棚之前的3分钟内必须进行初期灭火。火焰一旦烧到顶棚，瞬间就会蔓延开米，此时必须立即疏散。

（2）火灾成长期

随着新鲜空气通道的形成，火势急剧加大，室内温度迅速升高。开始进入到火灾的成长期。当火势达到一定程度时，会在一瞬间形成一团大的火焰。一旦火势出现闪烁时人就很难生存了，所以成长期的长短是决定人员避难时间的重要因素。

（3）猛烈燃烧期

火势出现闪烁后，火势最猛烈，持续高温达800℃。这段时间的长短和温度高低取决于建筑物的耐火等级。

（4）火灾衰减期

火灾猛烈燃烧期过后，进入了火灾衰减期。这时候的火势衰减，室内温度下降，烟雾消散，仅地上堆积物的焚烧残迹在微微燃烧，火灾渐趋平息。

一般情况下，第一阶段是灭火的最佳时期，由于火势不大，通常用配置好的消防器材就可以成功扑救。如果火势已到了猛烈燃烧的第三阶段，就必须撤离，剩下的应由训练有素的消防官兵来灭火。

（三）火灾发生的因素

1.火灾发生的两个主要因素

火灾是怎样引起的呢？总的来说，引起火灾的原因主要有两个方面：一是自然因素引起的火灾；二是人为因素引起的火灾。

所谓自然因素引起的火灾，是由于某些物质自燃或遭受雷击引起的。如地震、火山爆发、雷击和物体自燃都可能引发火灾。其中，雷击起火的形式大概有三种：一是雷电直接击中建筑物起火；二是雷电的二次作用；三是雷电沿电气路线和金属管道系统进入建筑物内部的高电位起火。此外，有许多物质可以在某些条件下自燃，如煤炭、干燥的树叶及稻草堆垛、油棉纱等，它们堆积起来会产生高热，若再遇气温升高，极容易自燃。自燃现象是在物质内部形成的，往往不易被发现，所以常常酿成大的灾害。自然火灾比较少见，现实生活中发生的火灾，绝大多数是因为人们用火、用电，使用液化石油气、天然气时不小心，违反操作规程以及玩火、纵火等原因造成的。这类火灾叫人为火灾。

也许我们认为火灾离我们很遥远，其实在生活中我们从来或者很少会意识到我们的一些行为可能为火灾埋下隐患，正是这些被我们忽略的小细节经常能带给我们无尽的灾难。在生活中，使用炉灶不当、用蜡烛照明不当、生火取暖不当、用蚊香熏蚊不慎、违章动用电气焊明火修理等，这些都可能造成火灾。一些电气设备在安装使用的过程中，由于违反电气安全规定或者线路老化、短路、乱拉电线等也容易造成火灾。"星星之火可以燎原"。一些吸烟的人乱扔烟头、火柴梗或者卧床吸烟，将烟灰缸内未熄灭的烟头倒进纸篓、垃圾桶等造成的火灾比比皆是。特别是一些青少年喜欢玩火柴或者打火机，乱放鞭炮等也会引起火灾。相对于这些无意识行为，有些人的蓄意纵火更容易造成重大伤亡和惨重损失。比如说一些刑事放火、私仇报复放火、骗保索赔放火、精神病放火等等。

具体到我们的现实生活中，无论是我们的家庭，还是学校，一些高层建筑、加油站、公共场所，甚至是一些交通工具，如飞机、火车、客船等等都会因为各种原因引起火灾。

2.家庭起火的因素

家是一个令人感到温暖、安全的地方。可是，如果家庭成员防火意识不强，缺乏最基本的防火常识或者存在疏忽大意、侥幸麻痹等心理，那么，我们每个人都可能成为火灾的元凶或受害者。

住宅内的主要火源因每个家庭的不同而有所区别，也会随着时代的变化而变化。随着我国经济的迅速发展，人民生活水平不断提高，住房条件得到了极大改善。那种几口人挤一间小屋、几家人挤一个小院的情况正在逐渐减小，这在很大程度上减少了火灾发生的可能性。然而，现代化的居室又带来了新的火灾隐患。

随着人民生活水平的不断提高，人们对生活质量的追求也日益提高。除了要求吃得好、穿得漂亮外，还要求住得舒适、有品位。所以，大部分家庭在买了新房之后，就把主要精力放在对房屋的装修上。装修时采用了大量易燃、可燃材料，结果降低了建筑物的耐火等级。木质地板、木质家具、地毯、挂毯、窗帘、壁布等等，这些物体普遍存在于现代家庭中，一旦着火，房间会很快达到轰燃状态。另外，这些装修材料大多是高分子聚合材料，燃烧时会释放出大量的有毒气体，对人们的生命安全也会造成很大的威胁。而有的住户为了自己的使用更方便或者看上去更美观，更是随意改变房屋结构，这样就很容易影响突发事件的紧急疏散。

在安装电线时，有的户主在没有安全意识的前提下会要求装修人员改变电气线路，增大了电器的负荷，无形中也就埋下了火灾的隐患。有的装修工人没有用电常识，在安装配电线路时不按用电安全规定进行，同样也会成为火灾的导火索。

各种各样的现代家用电器逐渐走进家庭以后，无形中也增大了发生电气火灾的危险性。面对家中琳琅满目、品种齐全的电器，如空调、电冰箱、电视机、洗衣机，甚至是饮水机、灭蚊器、电炊具等等，这些都需要

提供电线的连接。为了满足这些电器用电的需要，我们家中的墙内就拉满了电线网，墙体表面就出现了开关、插座等用电外接口。如果这样还不能满足的话，很多家庭就会增添多用插座，上面也就插满了密密麻麻的插头。除了这些电器本身可能会因内部元件老化等原因造成火灾之外，这些附着在墙内的电线网，露在外面的开关、插座等也会因为线路老化、电线绝缘层破裂、电线短路、电线超负荷等原因引发火灾。

厨房也是个高火灾危险的地方。据美国有关单位统计，厨房火灾是造成美国住宅火灾的最主要原因。厨房内有燃气管道、微波炉、电饭煲、电冰箱等电器，还有很多其他家电。如果做饭炒菜时油锅过热、锅里煮着东西就去干其他事情或者忘了关煤气就离开家，这样就极易造成火灾。

家庭日常使用的明火也可能会引发火灾。这些明火火源包括家庭生活用的蜡烛、火柴、打火机、蚊香等等，成人在使用时如果不小心或者孩子好奇玩火，都会造成火灾。

目前，我国许多家庭仍在使用点蚊香的方式进行驱蚊，一支小小的蚊香，点燃时焰心温度高达700℃左右，稍有不慎就能引起火灾。古语说："三九留心火炉，三夏留心蚊香"。因此在使用蚊香时要特别注意。此外蜡烛也很容易引起火灾。点燃的蜡烛若是靠近蚊帐、门窗等可燃物，一旦风吹动火苗发生飘移的话就会引起火灾。或者蜡烛放在纸箱、木桌上，蜡烛燃尽后，带火的烛芯与流出的烛油继续燃烧，引燃周围的可燃物，就会发生火灾。甚至放置的位置不当，被碰翻后引起附近可燃物就会着火。

另外，一些汽油、煤油等易燃液体，如果存放和使用不当，也极易引起火灾。

3.学校起火的因素

学校是一个容易发生火灾的场所。因为学校人口比较密集，多数是一些青少年，他们的防火意识较差，好奇心强，加上自制力差，容易违反学校规定，喜欢偷偷摸摸地做一些小动作，稍有不慎，就会酿成火灾。

学校发生火灾的场所主要有教室、实验室、学生宿舍和校园内的树林草坪。产生火灾的原因主要有使用明火不慎和电气火灾以及违反操作规定引起的火灾。

（1）使用明火不慎，引起火灾

违章点蜡烛：一般的学校都有规定，学生宿舍晚上都统一断电熄灯，但个别学生在熄灯后违章点蜡烛看书。如2000年5月8日晚11时30分左右，某校女生楼的302室一名同学，晚上熄灯后在床铺上点蜡烛看书，结果，因疲劳睡着了，烛火引燃蚊帐造成火灾。

违章点蚊香：点燃的蚊香也有700℃左右，而布匹的燃点为200℃，纸张燃点为130℃，若这类可燃物品靠近点燃的蚊香，极易引起燃烧。

违章吸烟：大家都知道，烟头的表面温度为200~300℃，中心温度为700~800℃，一般可燃物的燃点大多低于烟头表面温度，若点燃的烟头遇到低于烟头温度的可燃物，就会引起火灾。尽管学校明文规定不得吸烟，但是一些学生还是偷偷地吸烟而导致发生火灾。例如，2001年3月12日上午9时左右，某高校13号男生楼402室发生火灾。经调查，原因是烟头引起

的，系该室一名男同学7时40分起床后，点燃一支烟，吸了一半，发现上课时间快到了，便把吸了一半的烟放在床头的架子上，去卫生间洗漱后，关门就上课，忘了点燃的烟头还在床头，结果烟头掉在被子上，历经一定时间的荫燃后，点燃被子引起了火灾。因此，学生在宿舍、教室、试验室、图书馆、防火重点部位及其他公共场所应禁止吸烟。

违章使用灶具：个别学生图省事、方便，使用煤油炉或酒精炉进行简单的做饭。酒精炉，特别是酒精（乙醇），它是一种极易燃烧的液体，其闪点为12.78℃，最易引燃浓度为7.1%，如使用不当最易引起火灾事故。

违章烧废物：有的学生在宿舍内烧废纸等物，若靠近蚊帐、衣被等可燃物或火未彻底熄灭人就离开，火星飞到这些可燃物上也能引起火灾。

树林草坪违章用火：如在树林草坪吸烟、玩火、野炊、烧荒，都能引发火灾。因树林地下有较多落叶、松籽球和枯草，冬季草坪枯萎，特别是天气干燥，一遇火种，极易引发火灾，如2002年3月19日，某高校新校区树林发生火灾，过火面积近6.7公顷。

（2）电气火灾

电气火灾，除少数是设备上的原因外，大多数是人为因素造成的。引起电气火灾的原因主要如下：

违章用电：学校的建筑物供电线路、供电设备，都是按照实际使用情况设计的，在宿舍内使用大功率电器，如电吹风、电热水瓶等，使供电线路发热，加速线路老化而起火。如2001年9月10日，某校5号男生楼403室一名学生在宿舍内使用电热水瓶，插上电源插头后，电源线拖在被子上，这时有同学找他有事，人就离开了宿舍，过了一段时间，发现宿舍往窗外冒烟，原因系线路超负荷，线路发热，绝缘层熔化，造成线路短路起火，低燃点的被子靠近线路，助长了燃烧。

　　违章加粗保险丝或用铁丝、铜丝代替保险丝，会造成线路超负荷，短路时不能熔断引起线路燃烧；违章乱拉乱接电线，容易损伤线路绝缘层，引起线路短路和触电事故。因此，学生要遵守学校规定，不在学生宿舍使用大功率电器、加粗保险丝、乱拉乱接等违章用电，避免火灾的发生。

　　使用电器不当：如60W以上的灯泡靠近纸等可燃物，长时间烘烤易起火；充电器长时间充电，又被衣被覆盖，散热不良，也能引起燃烧；过于自信使用电器也能引起火灾。如使用交直流两用不带交流开关的录音机，总以为录音机开关已关，实质上交流还在工作，长时间电源变压器在工作，使变压器的绝缘下减，变压器聚热引起燃烧。

　　定时供电或因故障而停电也可能会引起火灾。例如某学生使用电吹风时，突然停电，电源插头未拔，就离开宿舍，来电时又没有回宿舍，电吹

风较长时间工作，引起火灾。因此，学生在电器使用完毕或停电时，都必须关断电源。

（3）违反实验室操作规程

学生在实验中用火、用电、用危险物品时，若违反规程规定，也能引起火灾。如有电感的实验设备在使用时用物品覆盖在散热孔上，使设备聚热，导致设备燃烧；用火时，周围的可燃物未清理完，火星飞到可燃物上引起燃烧；化学实验时，将相互抵触的化学试剂混在一起，试验温度过高或操作不当，也能引起火灾事故。特别是不按操作规程的实验，极易发生火灾事故，例如，1999年11月30日某校研究室里，学生进行化学实验时，用可燃溶剂清洗后未及时晾干，就放进烘箱，同时烘箱的排风分流未开，使可燃溶剂到达爆炸极限而爆炸，加上周围又有许多的可燃试剂，爆炸后又引起燃烧，其根本原因是严重违反操作规程。如果按操作规程进行试验，就不可能发生爆炸燃烧事故。

有些学校的有些领导对消防工作没有引起足够的重视，总是心存侥幸，在消防设施上不愿意投入，一旦发生火灾，由于不能即时扑救，容易造成大灾。

易发生火灾的时间多为夜晚或周末，通常发生在人去室空的时候，由烟头或其他易燃物引起。

4.高层建筑起火的因素

近10多年来，我国已建成的高层建筑越来越多，为我们的城市增添了许多的亮点。但是随着高层建筑的使用类型越来越复杂，如高层住宅、旅馆、饭店、写字楼等等，高层建筑物的防火问题，也越来越引起人们的重视。我国制定了《高层民用建筑设计防火规范》和《高层住宅防火管理规定》，对高层建筑物的防火设计和住宅防火管理问题进行了详细的规定。尽管如此，我国高层建筑火灾仍时有发生。

我们知道所谓高层建筑一般的建筑高度都超过了24米，层数较多。具体地说，高层建筑是指10层及10层以上的居住建筑；建筑高度超过24米的多层公共建筑。它的内部结构、功能较多，人员也比较复杂密集。建筑设备里，用电设备多，管道、竖井多，可燃物也比较多。其本身的特点决定了高层建筑物的火灾危险性不同于一般建筑物。一旦发生火灾，火灾的扑救、人员的疏散都比较困难。

高层建筑比较高，离地面安全区域也比较远，需要的疏散时间长，所以火灾发生后，即使疏散楼梯井内空气环境很好，也需要很长时间才能到达楼下的地面，并且事实情况并不是那么理想。高层建筑物结构比较复杂，建筑物的使用人员很难对其全部掌握，对各楼层的功能也不熟悉，不利于快速疏散。对于临时进入该建筑物的人员，复杂的结构更足以让他们摸不着头脑。另外，功能齐全的高层建筑物在火灾预防方面更是难以管理。如一座高层建筑物内既有餐厅，又有旅馆，还有办公区或者出租的写字楼，其各自的管理单位不同，也就增大了该建筑物的火灾危险性。建筑物内部人员素质高低不同，人员的防灾意识有强有弱，再加上高层建筑内人员相对密集，这些因素都不利于发生火灾后人员的安全疏散。

　　以我国现有的消防云梯来说，如果高层建筑太高的话，发生火灾后，并不能应对全部高层火灾。据有关资料显示，目前我国大多数城市使用的登高云梯的可用高度在53米左右，也就是说，只能达到一般高层建筑物的16～17层，对于在20层以上的火灾，则真的是无能为力。

　　火灾发生后，高层建筑的结构特点很容易为火势提供通道，火势和烟气延伸的速度会很快。高层建筑物内部各种各样的竖井（如楼梯井、电梯井）、管道和孔洞使整座建筑上下连通，为火灾的水平和垂直蔓延提供了途径。一旦火灾发生，极易出现"烟囱效应"。如果防护不当或者防火设施不到位，火焰和热烟气流会很快通过这些竖井和管道蔓延扩散。另外，如果大火突破着火房间，它会快速地沿走廊水平蔓延，或者通过窗户垂直蔓延，形成立体火灾。风助火势，火借风威，在高层建筑火灾中尤为突出。建筑物越高，风速就越大，发生火灾时燃烧就越迅猛。高层建筑内部各部门、各单位或者各家各户（如果是高层住宅楼）的装修材料，以及电、气、家具等多为可燃物，它们不仅降低了建筑的耐火性能，还在火灾发生后助长火灾的蔓延。同时，这些装修材料燃烧后会产生一氧化碳、二氧化碳等有毒气体，人一旦吸入，极易中毒伤亡。火灾发生后，人们普遍存在惊慌心理，常常是大批人群同时拥到疏散楼梯。人们的逃生本能会促使人们互相拥挤，从而发生堵塞现象，严重影响正常的疏散和救护。在下楼梯时，有的人因过于恐惧，两腿发软，不听使唤，这样极易跌倒，而后面拥上来的人不是相继跌倒就是把先跌倒的人踩在脚下，其后果可想而知。

5.加油站起火的因素

容易引发火灾、火灾危险性较大的地方莫过于加油站了。加油站主要是指为机动车辆加注汽油、轻柴油的专门场所。随着我国经济体制改革的不断深入，有的加油站已经私有化或者有些个人开始触及经营方面的业务，这就使对加油站管理变得不规范，并且使这些地方存在着更大的火灾危险性。

加油站的各种汽油或者机油一旦被引燃将会发生很大的火灾，甚至有爆炸的危险。这是由于汽油非常易燃易爆，它本身的闪点较低，蒸发速度很快，在遇火、受热以及与氧化剂接触的时候都会出现燃烧的危险，并且燃烧传播的速度很快。汽油火灾的水平传播速度，即使在封闭的储油罐内，也会达到2～4米/秒。同时汽油极易挥发，其挥发气体与空气混合形成的混合气体如果达到一定的浓度，一旦遇到引爆源，就很容易引发爆炸。另外，汽油属于液态，如果发生泄露，极容易四处流淌。如果一旦发生火灾，那么很容易四处扩散，增加火势的范围，殃及周围的建筑或者车

辆，从而发生更多更严重的危害。另外，汽油还具有导电能力，在其灌注、运输、装卸和加油作业时，十分容易产生静电，而静电所产生的电火花又很容易引燃汽油，造成火灾或者爆炸的情况发生。和其他液体一样，汽油受热后也会随着温度升高，体积膨胀，很容易把盛油的气体胀破，从而发生爆炸。

基于汽油的以上危险特性，加油站一旦发生火灾，火势会以极快的速度蔓延，其燃烧所释放出来的热量会迅速辐射到临近加油机或者车辆，导致其发生爆炸或者燃烧。因为不断有其他火源加入，所以加油站火灾常常是越烧越旺，并伴随着一连串爆炸。这种火灾往往扑救起来比较困难，汹涌的火势也会造成十分严重的人员伤亡。

6.液化石油气起火的因素

液化石油气的特性跟汽油差不多，都属于易燃、易爆物质。液化石油气的主要成分是丙烷、丁烷、丙烯、丁烯等。通常，液化石油气在常温常压下的形态是气态，加压之后就会变成液态，其爆炸极限为2%～10%。液化石油气还具有易挥发的特性，1升液态液化石油气在变为气态时，其体积将膨胀250多倍，即成为250升以上的气体。其受热易膨胀的特点也特别明显，液化石油气的体积膨胀系数比水大十几倍，且随着温度的升高而不断增大。

正因为液化石油气闪点、燃点低，爆炸极限范围大，一旦遇到明火，就会很容易发生燃烧或者爆炸，而且偶然爆炸的速度极快。爆炸时产生的强大气浪可致使建筑物倒塌和人员伤亡，并且爆炸可使事故现场瞬间形成一片火海，从而导致更大的人员伤亡和财产损失。另外，液化石油气站内的液化石油气钢瓶或储罐数量众多，如果其中一个发生爆炸，很容易殃及其他，从而造成一连串爆炸。

液化石油气火灾常常是在爆炸的瞬间发生的，并且同时会形成大体积的空间火焰。如果不及时采取措施，在大的液化石油气站内，会不断有其他火源加入，使爆炸和火灾情况更加严重。液化石油气站内如果着火，火灾扑救起来非常困难，充满危险。因为罐体在发生爆炸之后，大量液化石油气逸出与空气混合，形成具有爆炸性的混合气体，很容易发生二次爆炸，并形成大面积燃烧。如果此时盲目进入现场灭火，极易造成严重的人员伤亡。

防火检查站

7.交通工具发生火灾的因素

随着科技的飞跃发展，交通工具的日新月异给我们带来了越来越快捷的速度和享受。告别了祖先的徒步旅行，马车或者牛车也相继"下岗"后，汽车、火车、飞机、轮船等等现代交通工具成了我们出行的最佳选择。但我们在享受舒适便捷的同时，也面临着不同的危险，火灾就是其中之一。 现代的主要交通工具，大多以易燃液体作为燃料，交通工具的油箱容量大，被火烧烤后容易发生破裂和爆炸，导致油料遍地流淌，造成流淌火，使火灾危险性加大。另外，不管是载人还是载货的交通工具，其装载数量都很大，开口又少，一旦发生火灾，极易造成重大人员伤亡和财产损失。

（1）飞机发生火灾的因素

飞机是现代化的交通工具之一，随着科学技术的发展和社会发展的实际需要，现代化飞机正朝着大型、高速方向发展，飞机上的设施装备

也日益豪华、舒适。但纵观航空历史，无论是国内，还是国外，飞机火灾事故时有发生。那么，飞机具有哪些火灾危险性，其火灾一般又具有什么特点呢？

现代化的飞机为了给旅客提供舒适的环境，客舱内部装修豪华、美观，飞机上生活设施一应俱全。但是，飞机也是可燃、易燃物品聚积的地方。从飞机的制造来说，在制造时使用了大量的可燃金属和非金属材料作为零部件或装饰、装修材料，如钛合金和镁合金。钛合金不易燃烧，但其熔点较低，是一种有火灾危险的金属材料，一旦发生燃烧，火势异常猛烈，用一般灭火剂难以扑救。镁合金燃点为650℃，遇水后燃烧更为猛烈，甚至会发生爆炸，需用特殊灭火剂才能扑灭。飞机客舱内密集的座椅、地板上的地毯以及其他设施，有的虽然做过阻燃处理，但在大火情况下，仍然会有燃烧的可能。飞机航行时需携带大量的易燃可燃液体作为燃料，一架飞机所携带的燃油量相当于一个中型加油站的储油量，这些都是飞机本身携带的可燃物。

另外，乘客携带的行李、衣物等外来可燃物也增加了飞机内部的火灾荷载。所以机舱内可燃物大量聚积，导致发生火灾的危险性增大。

飞机主要是高空飞行，一旦在飞行中发生火灾，它的扑救非常困难。飞行中的飞机很容易因为机组人员没能及时在火灾发生初期将火扑灭而导致火势增大，迅速蔓延，从而失去控制，形成大面积燃烧，这和飞机的结构和飞行特点是分不开的。我们知道飞机内空间相对狭小，可燃物聚积，火灾荷载大，内舱一起火，很快就会蔓延至其他舱位。同时由于飞速较快，氧量供应充足，更加助长了火势的增大。

飞机内部起火，密闭狭小的空间内温度会迅速升高，里面的气体也会迅速膨胀，极易造成爆炸。另外，高温对发动机舱也有很大的威胁，一旦发动机舱遇火燃烧，爆炸就难以避免。

不仅如此，飞机内部的可燃物大多为有机物质，在燃烧过程中会产生大量的有毒气体和烟雾。飞机各舱之间互相连接，有毒气体和烟雾会很快充满机舱内部。同时，飞机的密闭性非常高，有毒气体和烟雾很难散发出去。在这种情况下，飞机内人员极易中毒身亡。加上人员密集，机舱活动范围小，高空逃生非常困难，一旦发生火灾，将会造成不可避免的人员伤亡。

（2）客船发生火灾的因素

和飞机的高空作业不同，客船是在水上运行的交通工具，大多在沿海、沿江、沿河地区进行旅客运载。在人们的意识当中，基于水火不相容的道理，客船发生火灾的可能性应该比较小，然而，事实却恰恰相反。

虽然客船在结构和装修材料上，规定采用不燃和难燃材料，但客船的客舱、驾驶室、船员生活舱之间的分隔围板和装饰用的木材、棉布、丝绸以及室内的床铺、家具、地毯、窗帘等，都是容易着火的可燃物。另外，客船机舱内电力、动力设备集中，储油柜及输油管道内存在大量油料。客舱在航行、停泊、检修作业中，稍有不慎，也会极易引发火灾。

客船上各种服务也一应俱全，在为顾客提供方便的同时，也增加了客船的火灾危险性。客船上设有厨房、餐厅，有的还在甲板上设临时烧烤摊点，几乎每层都设有小卖部、理发室、贮藏室等。这些生活服务设施内部都有大量的可燃易燃物品，不管用电还是使用明火，都存在着很大的火灾危险性。

和飞机一样，客船一旦发生火灾，其蔓延速度也非常快，并潜伏着爆炸的危险。特别是当火灾发生在机舱的时候更是非常危险。这是因为机舱内机器设备、电缆线、油管线等通到船体的各个方向，所以一旦机舱失火，火焰会顺着这些连接管线迅速向四周和船体上部蔓延。舱内的储油柜也很容易受到火焰的熏烤而发生爆炸。

大型客船跟建筑物类似，船上直通的内藏走廊、上下连接的楼梯、四通八达的水电和空调通风管道等都为火灾的蔓延提供了路径。所以，如果客船某层着火，火灾会很快发生水平和垂直蔓延，形成立体火灾。在火势蔓延的同时也会产生有害烟雾，极易造成人员窒息死亡。加上船内通道较窄，人员的疏散比较困难。

行驶在水面上的客船在发生火灾后不容易和陆地沟通，得到外界援助的时间长，往往错过了最佳的救助时机，造成的伤害也比较大。

（3）列车发生火灾的因素

相对于飞机和客船来说，火车是大众普遍使用的陆上交通工具之一。随着我国经济的发展和科学技术的进步，现在大部分旅客列车完成了更新换代，逐渐向封闭、豪华的空调列车方向发展。豪华空调列车在为旅客提

供舒适的服务之外，也增加了列车的火灾危险性，发生火灾时，不利于旅客的顺利逃生，极易造成重大人员伤亡。据报载，2003年5月15日凌晨3点45分左右，印度某城市的一列客车在刚开出车站不久便着了火，至少造成38人丧生，死者大部分是妇女和儿童，另有大约20人被烧伤。当地政府官员们说，大火产生的热量导致出口车门无法打开，使大量人员无法逃生。而2002年2月20日发生在埃及的列车火灾更是悲惨，大火造成350名乘客死亡，遇难者烧焦的尸体卡在车厢之间或者窗栅栏之间，这次事故是埃及半个多世纪的铁路历史上最为严重的灾难。可见，旅客列车火灾不容忽视。旅客列车是一个流动的人员密集场所，了解其火灾特点，掌握其火灾预防

措施，对于有效控制列车火灾非常重要。

和其他交通工具类似，火车发生火灾也是由于列车上的可燃物多，火灾蔓延速度快，燃烧散发出有毒烟雾。在活动空间狭窄、扑救困难的情况下，伤亡也比较惨重。

旅客列车的火灾特点如下：

旅客列车上可燃物多，火灾蔓延速度快。首先，火车的卧铺车厢和硬座车厢的铺位、座椅和窗帘，旅客携带的大包、小包行李等都是可燃物。其次，火车的空调系统把整列火车连成了一个整体。一旦发生火灾，火势会迅速蔓延，并通过空调管线传播到其他车厢。如果是双层空调列车，火势会进一步蔓延至上层，危及上层乘客的生命安全。再次，火车如果处于高速行驶过程中，其行驶过程中形成的气流压力也会加速火势的蔓延，使行驶中的列车变成一条火龙，严重威胁着乘客的生命安全。

蓄烟量少，易造成人员中毒身亡。因为火车内部空间狭小，高度较低，再加上空调列车窗户密封，烟气很难释放到车外，所以火灾产生的热烟气层会很快降低，充满整个车厢并向其他车厢蔓延。窗户密闭、人群拥挤、氧气供应不足，列车内有些可燃材料不能充分燃烧，所以释放出大量的一氧化碳和有毒气体，致使人员窒息身亡。

人群拥挤，疏散困难。火车车厢内人员较多、拥挤，过道狭窄，特别是一年中的几个人员流动高峰期（如春节、"五一"、"十一"等），连车厢过道里都站满了人，在车厢里通行非常困难。在这种情况下，车厢两端两个窄窄的疏散车门远远不能满足疏散的需要。窗户不失为一个好的逃生出口，但现在的空调列车窗户为了密闭性好，多为双层玻璃，并且不能开启。虽说紧急情况下可以将玻璃砸破，但这种窗户并不是任何人都能砸破的，也不是使用任何东西都能砸破的，而且寻找东西砸玻璃也会耽误宝贵的逃生时间。所以，列车内一旦发生火灾，如果不能及时将其扑灭在萌芽状态，后果将不堪设想。

火车像一条长匣子，扑救困难。空调列车内部是一个比较密闭的空间，如果内部起火，救援人员很难快速进入车内进行扑救。另外，火车轨道不同于一般车辆。为了安全，火车轨道两侧多用铁丝网围护，并且常常远离公路。所以一旦火车起火，最近的消防救援队即使能够快速到达现场，而消防车辆也很难快速接近火车实施灭火，其灭火前期的准备时间相对较长。

8.公共聚集场所起火的因素

为了不断满足社会发展的需求，近几年，政府和企业修建了供公众购物、休闲和娱乐的场所越来越多，并且多数为综合性建筑，集购物、餐饮、休闲娱乐、住宿以及桑拿洗浴为一体。这些建筑物结构复杂，有的甚至属于多家管理，有些公众聚集场所是其他建筑物改建的，建筑物的内部情况和使用性质等都发生了较大变化，而其内部的消防设计一般都没有做出相应的调整。这样就给火灾事故留下了重大的安全隐患。

公众聚集场所火灾危险性主要在于人员密集、可燃物数量多、火灾危险源多、用电量大、建筑平面复杂以及配套功能齐全等。

因为公众聚集场聚集了形形色色的物品，其中不乏容易燃烧的物品。

一旦发生火灾，这些物品就会助长火势，燃烧得更加剧烈。比如商场，经营品种齐全，有服装、鞋帽、电器音响设备以及化妆品等，并且都是密集摆放或者悬挂。如果一个楼层着火，很快就会殃及其他楼层。商场内部人员十分密集，人均活动面积相对很小。如果这些人群在火灾发生后全部拥挤到楼梯出口，那后果可想而知。

公众聚集场所装修材料的使用也为日后的火灾事故留下了隐患。首先，公众聚集场所在装修时多采用高分子聚合可燃材料，如旅馆、饭店以及娱乐场所包间内的壁纸、壁布、装修板等。采用普通的、未做防火处理的可燃材料不仅会增大火灾荷载、助长火势，同时它还会在燃烧时释放出有毒气体（一氧化碳、二氧化碳、硫化氢等），使人中毒身亡。有毒气体是此类场所导致群死群伤火灾事故的主要原因。有资料显示，火灾时因缺氧、烟气侵害而造成的人员伤亡占火灾死亡人数的50%~80%。其次，有的业主为了使用方便，将一座建筑物分给几家使用，在装修建筑物的时候常常改变原来的建筑物结构；有的把楼上楼下的通道堵上，另设出口，另设的出口在宽度和数量方面多不能满足疏散要求；有的为了便于管理，干脆只留一个出口，把其他出口封上或者锁上。这样既减少了逃生通道数量，又降低了能见度，直接影响遇险人员逃生。再者，有的业主在装修时为了满足自己的需要，乱拉电线，有的对线路不采取任何保护，直接铺设在吊顶上或者墙面上。加上平时疏于检查维护，极易因电气原因而引发火灾。

公众聚集场所业主消防意识淡薄，这是我国民众普遍存在的问题。业主因为缺乏消防意识或者存在侥幸心理，认为建筑物投入使用这么多年都平安无事，火灾不会烧到自己头上。因此，业主在改造和装修建筑物的时候自以为是，既不报公安消防机构审查，也不安装消防设施或有的形同虚设，或者害怕找公安消防机构会招来"麻烦"，所以对建筑物的改、拆、堵、封等都由自己说了算，结果"养患成灾"。

对建筑物内电气线路、明火作业以及吸烟等疏于管理，制度不落实。有些建筑物的业主及其雇员只顾赚钱，把消防安全抛于脑后。有些公众聚集场所用电量大，电气线路常常超负荷使用。如果管理不善或者不勤于检查，极易造成电气火灾。

有些到公众聚集场所消费休闲的人消防意识淡薄、缺乏自救知识。在进入公众聚集场所时，很少有人会先去查看消防设施、疏散通道的情况。因此，一旦发生火灾就惊慌失措，不知道如何逃生、怎样正确自救。公众聚集场所的工作人员也缺乏火场逃生知识，不知如何保护自己，更不知道怎样进行疏散诱导，怎样把人们安全地疏散出去，最终不可避免地导致群死群伤火灾事故的发生。

9.山林发生火灾的因素

山林也是容易发生火灾的场所。由于山林面积较大，树木较多，可燃物就显得比较充足，若是有风助阵，加上山林远离市区，消防救援需要一

定的时间，那么山林火灾将会火势汹涌，不易扑救。

所谓"星星之火可以燎原"，一些山林火灾多是因为人们不注意，一些小火星或者小火苗都能引发火灾。有些城市郊区的小山林，因为环境幽雅被开辟成了旅游景区，每天游人不断，一些游客在吸烟后不注意将烟头彻底掐灭就扔掉，结果，未熄灭的烟头将地上的树叶点燃，慢慢地发展成火灾。因吸烟点火乱扔未熄灭的烟头，造成火灾的案例屡见报端，最典型的莫过于1987年5月大兴安岭森林火灾，此次大火共造成69.13亿元的惨重损失。事后查明，这次特大森林火灾，最初的五个起火点中，有四处系人为引起，其中两处起火点是三名"烟民"烟头引燃的。清明时节，在进山上坟的时候，有些人将带来的纸元宝点燃，如果当时风势较大，点燃的纸元宝很快被吹落到附近的树枝、杂草上，也会引发山林火灾。某市六旬大妈被判刑一年半，原因就是在清明节上坟时，点燃的纸元宝被风吹到了附近的树枝杂草上引起了山林火灾。此次火灾造成森林过火面积约23公顷，受害面积6.8公顷，直接经济损失超过10万元。

一些住在山林附近的居民点火做饭的时候也容易引发火灾。尤其是用柴草进行烧烤的时候，若有风将火星吹到可燃物上，极易发展成火灾。另外，春夏季节，天气较干燥，经常刮风，一些自然现象，如打雷也可能因为静电产生火灾。

甚至还有一些人为故意纵火，将给山林带来特大的山火灾害。

10.青少年玩火引起的火灾

近几年我国因青少年玩火引起的火灾每年达3000余起，所造成的经济损失相当巨大。尤其是一些5~12岁的小男孩。他们这个年龄比较贪玩，对新鲜事物的好奇心也比较大，模仿能力也比较强。通常几个孩子聚在一起玩过家家烧饭游戏的时候会玩弄火柴、打火机，点煤气、液化石油气，以求游戏的真实性。然而这种情况下如果没有大人看护，就极容易发生火灾。一些小孩子也会在床底划火柴、用打火机打火，点蜡烛等来寻找皮球、乒乓球、子弹等。如果不注意很容易把床单烧着，从而引起火灾。在农村，枯草季节，小孩会随意地烧废纸、杂草取乐，如果火势蔓延，不能

控制的话，发生火灾的概率也是相当的大。有的孩子喜欢挖出鞭炮中的火药做其他游戏，这都是很危险的事情，发生火灾的概率也比较的大。

11.不良生活习惯——吸烟引起的火灾

不仅在我们的生活环境中存在着一些火灾的隐患，一些不良的生活习惯同样可以引发火灾。其中由吸烟引起的火灾也不在少数。一些人喜欢躺在沙发或者床上吸烟，有些人在特别疲倦后时想吸烟，点燃香烟后，往往是烟未吸完人已入睡，结果烟头引燃了被褥、蚊帐、沙发，造成火灾。有人把未熄灭的烟头放在床边或烟灰缸边上，当受到外界影响时，如打开门窗形成空气对流或打开电风扇时，烟头就会离开原来位置，落到可燃物上引起火灾。有些人吸烟后未将烟头、火柴梗弄熄就随手乱扔，如果扔在沙发、床单、木桌、衣柜等可燃物上，会慢慢引起燃烧，酿成火灾。嘴衔香烟，随地找东西，或在货架上提取货物，烟灰落在可燃物上同样也会引起火灾。

（四）火灾的危害

不断发生的火灾给我们的生产生活带来了巨大的影响。

随着现代化工业的发展，国民经济的增长和国民收入的增加，火灾给社会带来的威胁越来越大。古谚说：水火无情。它不仅毁灭了人类劳动创造的财富，而且无情地吞噬了许多人的生命，造成了一幕幕人间悲剧。火灾的危害有以下几种。

1.毁灭物质财富

中国有句话："贼偷三次不穷，火烧一把精光。"这说明，如果发生火灾，往往能使人们辛苦创造的物质财富化为灰烬，造成直接和间接的经济损失。

火灾造成的直接损失虽然巨大，但是火灾造成的间接财产损失更为严重。现代社会各行各业密切联系，牵一发而动全身。一旦发生重、特大火灾，造成的间接财产损失之大，往往是直接财产损失的数十倍。

1990年7月3日，某铁路隧道因油罐车外溢的油气遇到电火花导致爆炸起火。这起火灾直接财产损失仅500万元，但致使铁路运输中断23天，26日全线通车，造成成千上万旅客滞留和许多单位停工待料，间接财产损失难以估算。

2.造成人员伤亡

火灾给人类的生命安全也带来了严重的威胁和损害。现代社会，物质文明高度发达，人口相对集中，火灾一旦发生，造成的人员伤亡数也会显著增加。

据统计，2000年全国火灾中烧死3021人，烧伤4404人，平均每天有8.3人在火中被烧死。2000年四川共发生火灾5718起，死102人，伤243人。2000年12月25日某商厦因电焊工违章操作引起火灾，造成309人死亡，7人受伤。全世界平均每天发生1万起火灾，平均每天有数百人在火灾中丧生。在1950年~2000年之间，我国在火灾中死亡的人数有306788人，受伤的人数有169903人。国际消防技术委员会对全球火灾调查统计表明，近几年全球每年发生600万~700万起火灾，有6万~7万人在火灾中丧命，全球每年在火灾中死亡人数最多的6个国家是：印度，年均2万人；俄罗斯，年均1.35万人；美国，年均5000人；中国，年均2100人；日本，年均2000人；乌克兰，年均1700人。

所谓"天有不测风云，人有旦夕祸福"。生活中谁都不能预料到火灾何时会发生。从古至今，从南到北，从高楼到地下，大火吞没了我们多少草原、森林，毁坏了我们多少家园、工厂和学校，夺去了我们多少亲人的健康和生命。血的教训让我们刻骨铭心，刺骨的伤痛和遗憾使我们悚然觉醒。所以，我们要时刻避免火灾的发生。

纵观以往的火灾案例，我们发现，发生火灾后总有死亡现象的发生，导致死亡的原因主要有以下四种：

（1）有毒气体

特别是一氧化碳，毒性最大。我们日常使用的煤、木材等在不完全燃烧时都会产生一氧化碳，常用的建筑材料燃烧时所产生的烟气中一氧化碳含量高达2.5%。空气中一氧化碳的浓度达到1.3%时，人吸上两三口就会失去知觉，呼吸1～3分钟就会导致死亡。1995年12月8日，广州著名桑拿室——广涛阁芬兰浴池失火，18位妙龄女郎因吸进大量一氧化碳及其他有毒气体而窒息死亡。

（2）缺氧

燃烧消耗了氧气，火灾中的烟气常呈低氧状态，人吸入这种低氧的烟气，会造成缺氧，进而可致人死亡。美国曾对933起建筑火灾中死亡的1464人的死亡原因进行统计分析，发现其中因缺氧窒息和中毒死亡的有1062人，占总数的72.5%。

（3）烧伤

火焰或热气会使人的皮肤大面积受伤，并引发各种并发症，从而致人死亡。

（4）吸入热气

燃烧会产生高温，人在温度超过体温的环境中，会出现过多出汗、脱水、疲劳、心跳加快等现象。如果直接受到火焰的烘烤，所吸入的高温热气会使人出现气管炎和肺水肿，进而窒息死亡。

大量的火灾案例证明，烟气是火场上的第一杀手。烟气中含有大量的一氧化碳、有毒气体等严重威胁人的生命的物质，并且，火灾时特有的高温和缺氧状态等会使人处于更加危险的境地。1993年2月，唐山林西百货大楼火灾中有79人丧生，除一人坠楼身亡，其余全部因一氧化碳及其他毒气窒息而死，因此，在火灾时要注意防烟。

安全出口、疏散通道严重不足也是导致人员伤亡的主要原因之一。安全出口的配置数量是根据场所的额定人数来计算的。无论任何原因在营业时间把出口关门上锁，或因施工临时堵塞出口，或在通道堆放杂物，使通道受阻，万一发生火灾，都会延误疏散时间，极大影响人员正常安全疏散。如果同时缺少疏散指示标志和应急照明，那么火灾发生时一旦停电，人员对场所内部情况不熟悉，缺乏逃生常识，心生恐慌，在烟气中无法辨明出口方向和逃生路线，势必造成人员相互拥堵践踏的局面，使得伤亡数量增加。

因此为了减少发生火灾后的死伤现象，要求我们要了解防火的安全知识，学会在火灾中逃生。

3.破坏生态环境

人类的生存离不开森林、草原、江河湖海，它们对调节气候、涵养水源、净化空气、维持生态平衡、保护人类的生存环境具有不可替代的作用。火灾发生时，会释放有毒有害气体，污染环境，毁坏资源，对生态环境的良性运行造成无法预测的影响，有时甚至是不可逆转的。1987年5月6日到6月2日几乎长达一个月的大兴安岭森林特大火灾，起火直接原因是林场工人在野外吸烟引起，间接原因是气候条件有利燃烧，可燃物多。人民解放军、森林警察、公安消防人员、广大职工近10万军民经过近一个月的殊死搏斗，才将大火扑灭。这场大火致使193人丧生，226人受伤，火灾破坏了1000多万亩林业资源，大火殃及1个县城和3个镇，破坏的生态平衡需80年才能恢复，经济损失高达69.13亿元。据资料统计，我国年均森林火灾毁林面积达100万公顷（我国森林覆盖率仅为13%，日本60%），森林大面积减少，造成洪水泛滥。

火灾还会造成不良的社会政治影响。如火灾发生在首脑机关、通信枢纽、涉外单位、古建筑、风景区等都会造成严重的政治影响，甚至波及全国乃至全世界。

1994年11月15日，吉林市某夜总会因纵火发生火灾，殃及在同一建筑物内的市博物馆，烧毁建筑面积6800平方米，不仅造成直接财产损失671万多元，而且将无法用金钱计算的博物馆内藏文物7千余件和黑龙江在该馆巡展的1具7000多万年以前的恐龙化石（长11米，高6.5米）被烧毁，以及堪称世界级瑰宝、被列入《吉尼斯世界大全》的吉林陨石雨中最大的1号陨石（重1775千克）也在大火中分为两半，还有2人被烧死，既造成了难以计算的经济损失，更造成了不良的政治影响。

同时，火灾的发生还对人类造成精神创伤。许多人在火灾中因为惊吓过度，精神上开始出现幻觉，时刻处于不安全的状态，造成精神失常。有人在火灾中造成身体上的残疾，丧失了生存或自理的能力，从而失去了对生活的信心。这些不利因素都会影响社会的和谐和稳定。

由此可见，火灾危害性是相当惨重的。我们在做好防火工作的同时，在思想上、组织上和物质上积极做好各项灭火准备，以便一旦发生火灾，能够迅速有效地扑灭火灾，最大限度地减少火灾损失和人员伤亡。

二、火灾的预防

我国人口众多，消防设施落后，国民防火意识淡薄，更缺乏火场逃生自救的常识，火灾引起的群死群伤事故频发。能否从火灾中逃生，关键看我们是否掌握防火、救火与逃生的本领。因此，提高国民防火安全意识，普及火场逃生自救常识，把火灾和伤亡降至最低是当务之急，也是重中之重。

（一）防患于未然是预防火灾的关键

"预防为主，防消结合"是我国消防工作的方针，这一方针使防火与消火紧密结合，相辅相成，争取了同火灾作斗争的主动权。所谓"消"，就是消灭、扑灭火灾；所谓"防"，就是防止、预防火灾。消防工作就是扑灭火灾、预防火灾。预防火灾的发生，创造良好的消防安全环境，是全民和全社会的事，涉及千家万户、各行各业，与每个人都有密切的关系。火灾对人造成的伤害，主要是高温烧伤、窒息、烟中毒、爆炸冲击波伤、电击伤、砸伤、摔伤等。在火灾发生的同时，有时还伴随着化学物质、有毒物、放射性物燃烧或爆炸等恶性事故，因而其危害比单纯的火灾更为复杂和严重。所以，我们必须从自我做起，从身边做起，重视并做好火灾的预防工作，这是全体公民应尽的社会责任。

古人说："明者见于未萌，智者避危于无形，祸固多藏于隐微，而发于人之所忽者也。"意思是：明智的人在事故发生前就有了预见，有智慧的人在危险还没有形成的时候就避开了，灾祸本来就大多藏在隐蔽不易发现的地方，而突发在人的忽略之处。这句话对我们学习逃生有着非常重要的借鉴意义。

逃生的关键就是要防患于未然，能"见于未萌、避危于无形"。而熟悉了解能够对人生命造成危害的灾难，是避危于无形的一步。

综观许多灾难事故，都在发生前就显露出了隐患。据媒体报道：四川泸州发生的天然气爆炸事故，事发9天前当地居民就闻到了刺鼻的天然气味，并报告了天然气管理站，但未被重视，最终造成爆炸，酿成惨剧。还有前些年的克拉玛依大火，如果组织者能够做到明察秋毫、临危不乱，火灾也不会发生，至少在火灾现场中也不会有那么多无辜的生命被挤踏而亡……

类似的教训还有许多。如果相关责任人能见微知著，提前排查出安全隐患，并及时消除，完全能够避免事故的发生。

为了加强对火灾隐患的排除，国家已经制定了相关的法律法规来对火灾进行界定。《消防监督检查规定》第十八条规定：公安消防机构在消防监督检查时发现具有下列情形之一的，应当确定为火灾隐患：

第一，影响人员安全疏散或者灭火救援行动，不能立即改正的；

第二，消防设施不完好，会影响防火灭火功能的；

第三，擅自改变防火分区，容易导致火势蔓延、扩大的；

第四，在人员密集场所违反消防安全规定，使用、储存易燃易爆化学物品，不能立即改正的；

第五，不符合城市消防安全布局要求、影响公共安全的。

有前款所列情形且情况严重，可能导致重大人员伤亡或者重大财产损失的，应当确定为重大火灾隐患。

一些省市也制定了相关的法规对火灾隐患进行了界定。

《宁夏回族自治区公安消防机构重大火灾隐患处置规定》第二条规定："本规定所称重大火灾隐患系指《消防监督检查规定》第十八条所列

可能导致重大人员伤亡或者重大财产损失的火灾隐患。"

广东等省区对以下所列八个方面情形，且情况严重，可能导致重大人员伤亡或者重大财产损失的，确定为重大火灾隐患。

1.建筑物方面

建筑选址不当，布局不合理，防火间距不足；建筑物结构、耐火等级、层数、面积与使用性质不相适应，违反或不符合有关消防技术规范，易引发火灾爆炸，却未采取相应措施或设置不当；安全出口数目不足、疏散宽度过小、距离过远、通道堵塞。

2.物资储运方面

物资存放过密、过多，超过额定库存量，防火间距不足，无检查通

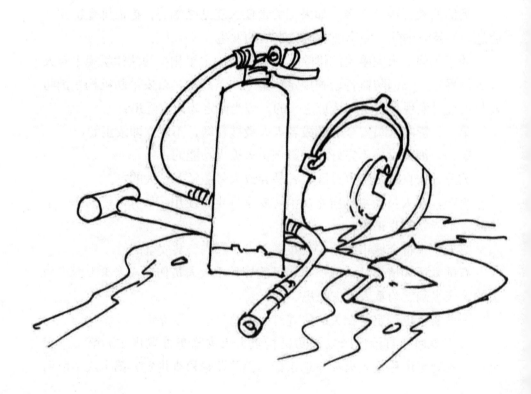

道，通风不良，易受潮、蓄热；易燃易爆化学物品储存、运输和包装方法不符合防火灭火要求；露天堆场地点选择不当，堵塞消防车通道，大储量的堆场未分组布置，堆垛过高，缺少必要的防火间距，如造纸原料堆场等。

3.电气设备方面

建筑物、储罐、堆场的消防用电设备不按照国家有关规定选择相应的消防供电负荷等级；不按环境选择导线和铺设方式，截面与负荷量不相适应，电气线路乱拉乱接，导线破损等；照明灯具与使用场所不相适应，或与可燃物相邻；配电盘材质与使用环境不符，接线零乱，导线选型不符合要求；用电设备安装使用不合要求，选型与使用场所不相适应，缺乏安全装置。

4.消防安全防护方面

应设围墙、防火墙、防火门、防火卷帘门、防火窗以及封闭、防烟楼梯间等的场所而未设置，或者违章改变防火分区，防火门、防火卷帘、防火阀等防火分隔设施缺少、损坏或有故障；疏散指示缺少、损坏或者标识错误，影响人员安全撤离；易燃易爆物质的生产、储存设备与建（构）筑物等应设置安全装置（如火星熄灭器、安全阀等）而未设置；应安装导除静电装置的设备而未安装或失灵；应有避雷设施的场所，未安装或失效；电器产品、燃气用具的安装或者线路、管路的铺设不符合安全技术规定，危及消防安全。

5.明火作业方面

火源或热源，靠近可燃物体或其他可燃物质；在明火作业场所存放易燃物质，未清除或者采取安全防护措施的情况下，进行明火作业；在具有火灾、爆炸危险的场所违犯禁令吸烟、使用明火的；电能、光能、机械能、化学能等可转化为热能的场所，未采取相应的消防安全技术措施，易引起火灾爆炸事故。

6.消防器材设施方面

消防水源、消火栓、消防水泵缺乏或者损坏；按照有关消防技术规范，应当设置火灾自动报警、自动灭火等自动消防设施，而没有按照要求安装，或者已经安装但是却发生了故障、缺损，不能正常运行；消防器材缺乏，配备的数量及其性能与使用场所虽然互相适应，但是其放置的位置不适当或者已经损坏；室外消防设施被埋压、圈占、损坏而使其使用受到影响。

7.生产、储存、运输设备方面

设备达不到设计要求，密封或承压性能差，出现设备变形、破裂，或

"跑、冒、滴、漏";设备受腐蚀、机械力作用破坏;选用设备与使用介质不符。

8.人员安排方面

重点单位、部位或场所,应建立消防安全组织和配备专职消防人员而未建立或未配备;未按要求建立防火安全规章制度和操作规程或不健全不落实;重点单位消防设施管理值班人员或消防安全巡查人员脱岗;重点工种、特殊岗位人员未经消防培训上岗操作;管理不善、违反消防安全规定。

对于可预见性的安全隐患,一旦发现问题,一定要及时消除,从根本上消除火灾发生的可能性,从而减少火灾的发生。

做好火灾的预防工作就要从我们身边的一点一滴做起，无论任何场所都要加强防火意识，切实落实防火措施。

（二）家庭火灾的预防

为了给自己和亲人营造一个安全的家，人们应该主动消除家中的各种火灾隐患，平时在使用明火时要时刻注意防火，做到不躺在沙发或床上吸烟，不随便乱扔未熄灭的烟头；吸剩的烟头一定要放在烟灰缸里，而且烟灰缸要经常清理；点燃的蜡烛不能放在可燃物上，更不能点着蜡烛就离开家；火柴、打火机等东西应放在儿童够不着的地方，平时应给孩子讲解防火知识，教育孩子不要玩火；在使用蚊香或蜡烛时，要放在非燃烧物的专用支架上，不得靠近蚊帐、床单、衣服等可燃物，防止因风吹而相互接触引起燃烧，人离开时要将蚊香或蜡烛熄灭。

我国每年春节期间火灾频发，其中80%以上的火灾事故是由燃放烟花爆竹所引起。防止烟花爆竹引发火灾也非常重要。

购买烟花爆竹时，要到指定商店去购买有生产厂名、商标、燃放说明的产品。不在禁放烟花爆竹区燃放烟花爆竹。不在电线下面、工厂、仓库、公共场所、易燃房屋、建筑工地、草堆、粮囤、加油站及其他重要场所内燃放，也不能在窗口、阳台、室内燃放。燃放升高的烟花爆竹要注意落地情况，如落在可燃物上，并仍有余火，应立即采取措施将余火扑灭。小孩不要单独燃放升空烟花爆竹，要有大人在旁看管指教。不携带烟花爆竹乘坐汽车、火车、飞机、轮船等。买回家的烟花爆竹应存放在安全地点，不要靠近灯泡、热源、电源，以防自行燃烧、爆炸。

还要懂得安全用电和安全用气。安全用电主要涉及家用电器的使用及线路的维护。要时常检查家中的各种电器和线路，杜绝电气火灾。电暖器、取暖炉等要远离家具、电线、电器等；睡觉前或家中无人时，要切断电视机、收录机、电风扇等家用电器的电源；接通电烙铁的电源后，人员不要离开；不要把衣物、纸张等易燃物品靠近电灯、电暖器和炉火等；如果发现墙上电闸盒保险丝熔断、灯光闪烁、电视图像不稳、电源插座发

烫、开关或电源插座冒火星等，要立即请电工进行检查修理，因为这些迹象都说明可能是电气线路超负荷或是配线有误；电插座、开关附近也不要堆放可燃、易燃物品。另外，买回新的电器之后，应认真阅读使用说明书，正确使用电器。晚上睡觉前，特别是离家外出时间较长时，如旅游、走亲访友等，应检查电视机、电暖器、微波炉等电器开关是否已切断。及时清理电视机、空调、电冰箱等各种家用电器散热板上的灰尘，防止灰尘积聚，堵住散热孔引发事故。各种电器的安全接地保护也很重要。只要平时注意检查各种电器及线路的使用状态，发现隐患及时处理，就能有效地降低家庭电气火灾的危险。

安全用气主要是管理好厨房燃气和灶具，杜绝厨房火灾。多数家庭火灾发生在厨房，做饭时人尽量不要离开，灶具开着时不能长时间无人看管；不要把食品、毛巾、抹布等放在灶具上；烧水做饭时注意不要让溢出物浇灭炉火；要经常清除炉具上的油污和溢出的食物；学会用锅盖或大盘子扑灭较小的油火，千万不要往油火上泼水；教育孩子不要随便摆弄燃气灶具；燃气灶具冒出的火星会引燃汽油、油漆、干洗剂等挥发出的气体，应避免把这些东西放在厨房内，更不要把它们放在炉具上；晚上睡觉或者白天出门前，一定要检查炉灶，关好燃气开关，以免燃气泄漏发生火灾和爆炸。

防止家庭火灾还要把好装修关，杜绝火灾隐患。居民装修过程中必须把好五关：一是严把材料关，尽量不用或少用易燃、可燃材料，尽量采用

经过防火处理的材料；二是把好通道关，保持方便快捷的通路；三是把好电气线路关，做好绝缘保护；四是把好施工队伍关，确保施工人员素质；五是把好施工中的管理关，避免火灾隐患。

（三）学校火灾的预防

学校是人员密集型场所，是学生的聚集地点，内部单位点多面广，设备、物资存储较为分散，生产、生活火源多，用电量大，可燃物，特别是易燃物种类繁多，工作人员的管理水平不一，极易发生群死群伤的恶性火灾事故，因而学校是防火工作的重点，这就要求师生共同努力，一起加入到防火的行列里来。

在教学楼或实验室实习或工作时，一定要严格遵守各项安全管理规定、安全操作规程和有关制度。使用仪器设备前，应认真检查电源、管线、火源、辅助仪器设备等情况。如放置是否妥当，对操作过程是否清楚

等，做好准备工作以后再进行操作。使用完毕应认真进行清理，关闭电源、火源、气源、水源等，还应及时清除杂物和垃圾。特别是涉及使用易燃易爆危险品时，一定要注意防火安全规定，按照规定严格地进行操作。因工作需要用火时，须遵守用火审批、管理制度。不得随意用火，如确实必须动用明火，一定要配备必要的灭火器材，以防不测。用剩的化学试剂，应及时按规定送到安全地点存放。

在宿舍，学生应自觉遵守宿舍安全管理规定，做到不乱拉乱接电线；不使用电炉、电热杯、热得快、电饭煲等电器；使用台灯、充电器、电脑等电器要注意发热部位的散热；不得卧床吸烟，不得在熄灯后使用蜡烛、打火机照明；宿舍内不得存放、使用酒精、汽油等易燃易爆危险品；不得在疏散通道内堆放物品和烧水做饭，自觉维护走道内的消防设施。室内无

人时，应关掉电器和电源开关；不在宿舍使用明火，不在宿舍内焚烧物品；发现安全隐患及时向管理人员或有关部门报告；爱护消防设施，不将灭火器材随意移动或挪作他用等等。

学校的树林草坪等植被，不仅美化环境，净化空气，还能起到防风固沙，涵养水源，调节气候，维持生态平衡等作用。但是由于杂草多，枯草等地被物以及落到地上的枯枝、残叶、树皮、球果等都可成为引火物。一些树种如油松、侧柏、落叶松、桦树等树皮中含有油脂，大都十分容易燃烧。一旦发生火灾，就会迅速蔓延，而且往往会带来巨大损失。所以在树林草处，更要注意防火，要严格遵守有关消防法规，做到不使用明火，严禁做容易引起火灾的游戏；严禁在树林草坪中吸烟；一旦发现火灾隐患要及时向有关部门报告；秋冬季节封山时段及干旱天气尤其要注意防火。同时要加大校园防火安全知识宣传教育力度，营造安全防火的良好氛围，加强对师生消防安全知识的教育培训，掌握基本的逃生知识和技能，学会使用简单的消防器材。

（四）高层建筑火灾的预防

高层建筑物火灾一直是令公安消防机构非常头疼的事情。虽然高层建筑物火灾有其独特之处，但起火原因却与其他类型的建筑物相类似。针对前面讨论的起火原因以及高层建筑物火灾的特点，我们可以采取下列预防措施：

高层建筑的结构方面疏散楼梯间应采用封闭楼梯间，并保证疏散通道畅通。高层建筑物消防设计和施工，装修材料的使用应严格按相关规范的规定进行。同时，建筑物物业管理单位应切实落实本建筑物的消防规定和消防安全责任制。

本建筑物的消防安全管理应由经过消防培训合格后持证上岗的人员负责，并且要定期向建筑物使用人员进行消防安全教育以及逃生自救知识的宣传。定期组织建筑物使用人员进行疏散演习，以增强他们应对紧急情况的能力和信心。加强防火管理，控制建筑物内的各种火源，并进行定期检查。

安全用电。定期检查各项消防设施的工作情况，建立消防设施的定期巡查档案。禁止对建筑物内主要房间进行私拆私改，或改变其使用性质和结构。

高层建筑结构复杂，所以应在大楼各房间内以及各楼层醒目的地方贴出疏散路线图，以指导人们在火灾发生时安全疏散。高层建筑物主体较高，所以应做好防雷工作。当然，还要求大家提高消防意识，积极配合消防安全工作，共同降低生活环境的火灾隐患。

（五）加油站火灾的预防

汽油在运输、装卸、储存和灌装的过程中很容易发生泄漏现象，一旦遇到明火，很容易发生火灾爆炸事故。所以，加油站的安全操作和管理工作非常重要。防火工作一定要按照以下规定进行：

严格按照国家有关消防规范的要求和规定做好建设初期的选址、防火间距等工作，使其远离人员集中的场所、商业区、居民区等。站内各种不同类型设施（如加油机、储油罐、管理室等）的设置以及各设施之间的防火间距应满足标准的规定。

做好防爆、防静电工作。汽油在装卸、灌装等过程中易产生静电，在进行油品的各种作业过程中一定要做好防静电工作，避免因静电火花引起火灾或爆炸。

制定各项安全操作规程和防火制度，做好职位的岗前培训和灭火演练工作。加油站内的各项安全操作规定应该完备并且得到切实地执行。站内职工在上岗前必须经过专门的培训，熟知油品的燃烧和爆炸特性，熟练地掌握汽油的安全操作程序和相关的消防知识，并且应当定期地进行灭火操练。

严格控制各种火源，切实提高站内工作人员和外来加油人员的防火意识。应在醒目的地方设置防火标志，并定期检查站内各种设施的安全情况，确保做到万无一失。

各加油站必须配备相应的消防设备，并定期检查，发现问题应及时送交有关部门修理或重新罐装。

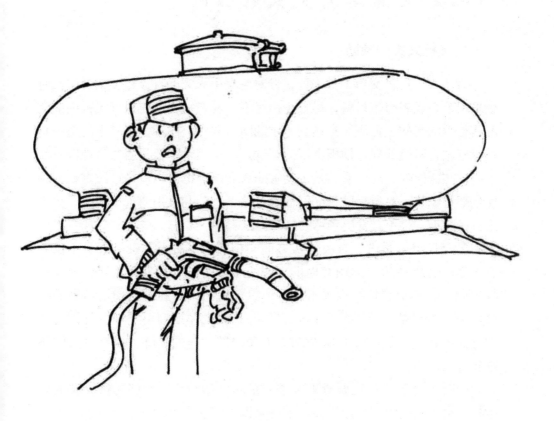

（六）液化石油气火灾预防

　　液化石油气的防火措施和加油站类似，也必须按照国家有关消防规范的要求和规定做好建设初期的选址、防火间距等工作，使其远离人员集中的场所、商业区、居民区等。站内各种不同类型设施的设置以及各设施之间的防火间距应满足标准的规定。做好防爆、防静电工作。对工作人员进行岗前培训，熟知油品的安全操作程序和相关的消防知识，并定期进行灭火操练。在醒目的地方设置防火标志，并定期检查站内各种设施的安全情况，同时还要提高站内工作人员和外来加油人员的防火意识。

（七）交通工具火灾的预防

1.飞机火灾的预防

对于飞机这种交通工具来说，针对它发生火灾的特点，要求在装修时应采用难燃或者阻燃材料，尽量少用可燃、易燃材料，在保证飞机内装修舒适美观的基础上，应注意达到一定的防火要求。比如，飞机上的座椅材料，应进行阻燃处理。地板上铺的地毯，在选用时不要只看其质地以及是否经过防污处理，还应看其是否能够防火和防静电。一般经过阻燃处理的地毯都有消防产品质量监督部门检验合格证书，并且用明火试烧时，火焰会自己熄灭，也不会发出刺鼻的气味。

要对机组人员进行有关消防方面的训练。飞机上的机组人员不仅要有娴熟的驾机技术，为顾客提供一流的服务，还应具备沉着处理紧急事故的能力，其中就包括火灾事故。所以，机组人员在进行岗前培训的时候，防火也应是其重要的培训内容，并且在工作期间要定期进行消防知识方面的培训，做实际扑救初期火灾和疏散诱导的演练，提高火灾的防范和应对能力。

同时，机组人员也要对乘客进行消防宣传教育，共同防御火灾的发生。在加强飞机安全管理方面，不忘强调火灾安全。时常检查飞机上的各种线路，看是否有老化和绝缘皮脱落现象。每次起飞之前，要对行李舱进行检查，看是否存在火灾隐患。

另外，预防纵火也是预防火灾的一个重要方面。中国国航客机韩国"4·15"空难提醒我们，机组服务人员除了做好服务之外，还应密切注意乘客的反常举动，避免人为制造事故。

2.客船火灾的预防

通过对客船火灾特点的分析，我们可以看出，客船火灾关键在于做好预防。如果发生火灾，局势将很难控制。因此，我们要从各方面加强火灾预防。

　　首先，要做好客船防火设计和日常防火管理。保证船舶结构符合船舶建造规范中有关消防的规定，应在适当部位设置一些防火分隔，并应符合有关安全规定。在船上，必须严格控制可燃物数量及火源热源等。船用电器的安全用电要求，须按有关规定办理。

　　其次，客船的客舱、生活舱应建立防火制度。旅客和船员不准携带危险物品上船，不准乱丢烟头、火柴梗，不准躺在床上吸烟，船舱内应禁止吸烟。船上放映的电影应尽量使用安全的醋酸纤维片。厨房用火必须注意安全。

　　各类客船需要配置的水灭火系统、自动喷水系统、气体灭火系统、自动报警系统等固定报警和灭火装置以及手提灭火器，必须按要求设置并保持完好状态。每一客船至少应配备两套个人消防装备，应建立健全消防组织，灭火队、通讯组、隔离队、救护队的成员平时应加强训练，以便发生火灾时能及时扑灭。

再次，要提高船员消防安全意识。因为船舶岗位人员相对独立，人员少，这些人员消防安全意识的强弱直接影响到船舶本身的消防安全。因此，船员必须熟悉易燃易爆化学物品的特性及基本消防安全知识，懂得必要的火灾预防和施救措施，并且还要定期进行消防演练，提高应对紧急事故的能力。

还要派专人负责客船上所有电器及电气线路，以防电气火灾。客船常年在水中航行，船上湿度相对较大，特别是有的客船服役时间较长，机身陈旧，船上的机电设备长期在潮湿的环境下工作，绝缘容易老化，从而导致漏电、短路等电气事故，如果这些线路附近有易燃物品，就极易发生火灾。另外，有的船员用电安全意识差，私拉电线，也会导致火灾危险。所以，应派专人负责对电器和电气线路进行检查，并负责检查是否有违章用电现象，这样会大大减少客船发生电气火灾的概率。

同时客舱内应准备客船防火常识宣传册，供乘客阅读，提高乘客防火自救的知识和能力。客舱内也应设置疏散指示标志和清晰准确的图示，告诉乘客所在位置以及离该乘客最近的疏散通道位置。

客船服务人员还要定时对客舱进行巡视，及时清除任何不安全火灾隐患因素。

3.旅客列车火灾的预防

和飞机、客船类似，列车的防火措施，除了要减少使用可燃物，进行定期检查，加强防火管理，配备防火设施，提高防火意识外，还要限制客流量，避免火车内乘客过于拥挤。

具体来说，列车内装修材料尽量使用不燃或难燃材料制作，由专人负责全车的防火安全检查，并负责对乘客进行防火教育。定期巡逻，及时消除火灾隐患。每节车厢应准备一根铁棍或者榔头等工具，以备必要时使用。窗帘和座椅外罩要进行阻燃处理。定期检查火车上的各种电气线路，及时更换故障线路。实行防火责任。按相关规范和标准的要求配备灭火设施，并对其进行定期检查、维修。加强列车防火管理，禁止在车厢内吸烟和使用明火，禁止乱扔烟头。对于卧铺车厢的乘客，更应教育他们不要在车厢内吸烟，更不能躺在卧铺上吸烟。加强进站前对易爆、易燃危险品的

检查。车上负责安全的人员也应注意乘客的行李，一旦发现易燃、易爆危险品，应及时进行处理。还应对火车的乘载人数进行限制，避免火车内乘客过于拥挤。对列车服务员除了需进行防火安全知识教育和消防设施使用的培训之外，还应定期组织他们进行疏散诱导及火灾逃生演练，提高他们应对紧急情况和组织人员安全疏散的能力。

列车上使用的茶炉、取暖炉、燃油炉和餐车炉灶，必须制定严格操作规程和管理规定，设专人操作管理。列车上使用液化气时应特别小心，其储量以保持一个运行周期为限，不得携带过多，严禁使用超量罐装的钢瓶，严禁加制加温的汽化。

（八）公众聚集场所火灾的预防

虽然公众聚集场所一直是我国公安消防机构关注的重点，但群死群伤火灾事故总是"防不胜防"。针对前面提到的公众聚集场所火灾危险性特点，可以采取下列火灾预防措施：

公众聚集场所建筑物设计必须满足相应的建筑设计防火规范的规定，建筑物内防火分区的划分、火灾自动报警系统、室内消火栓、自动灭火系统、排烟系统、应急疏散、广播系统以及其他消防设施的配置一定要通过公安消防机构验收，坚决不能"欠账"，并一定要确保各疏散通道的畅通无阻。

公众聚集场所装修材料应满足消防法规的标准，装修时，禁止使用易燃材料。在装修前，应报公安消防机构审查，不能图方便或者为便于管理而私改原建筑设计、拆除原消防设施或者阻碍其使用，更不能减少、堵塞建筑物的疏散通道，影响人员疏散。建筑物业主应严格按用电安全标准在建筑内铺设线路，使用电气。

公众聚集场所业主应提高自己和员工的消防意识，严格按有关建筑防火设计规范的要求进行施工，并在投入使用之前请有关公安消防机构对其

电焊操作规程

消防设施进行验收。不私拆、不乱搭、不心存侥幸，并定期组织自己的员工进行消防逃生演练，提高他们应对紧急情况的能力。

对于建筑物内的电气线路、明火作业以及吸烟等行为要进行严格的管理。电气线路除了按照用电安全标准进行铺设之外，还应该有专人对其进行定期检查，避免因电气线路负荷过大或者电线老化、接触不良等原因造成火灾。如果需要明火作业，如电焊，则应严格按照电焊的有关标准和防火程序进行处理，电焊人员必须具有相关行业的有效资格证书，确保万无一失。

对前来休闲、娱乐和消费人员进行防火宣传教育，加强消防安全管理。禁止顾客在公共场所内吸烟、玩火或携带危险品入内。应在辖区内的醒目之处，用简图标示出逃生路线，并派值班人员定时检查日常防火情况。

当然，公众聚集场所涵盖的内容较多，它包括商场、超市、公共娱乐场所、饭店、旅馆、餐厅、学校、医院，等等。所以其防火问题非常复杂，具体到不同类型的建筑物，还需要结合此类建筑物的使用性质、使用人员特性等采取相应的预防措施。防火问题并不是几条建议或要求就能解决得了的，也不是满足相关规范要求就万事大吉了，关键还是要靠平时的宣传教育，靠大力普及消防常识，提高全社会的消防意识。只有硬件条件与软件条件互相补充，主观意识与客观条件相互结合，才能最大可能地预防群死群伤火灾事故的发生。

（九）山林火灾的预防

此外，一些山林也是防火的重点。山林是国家和集体的宝贵财富，一旦发生火灾，损失巨大。造成山林火灾的原因主要有两种，一是自然火源，二是人为因素，而且以人为因素居多。要防止山林火灾的发生，首先要杜绝人为火种。要严格遵守山林管理的规章制度，不准在山林地区吸烟、野炊和举行篝火晚会等活动。其次，也要采取一定的保障措施，如在山林周围设置一定宽度的隔离带，防止汽车漏气、扔烟头等引起的火灾；还可以对山林内的采伐剩余物进行清除，山林采伐可能会将大量的剩余物堆放或散落在林内，这样可燃物的积累就会越来越多，不及时清除，极易引起火灾。

（十）对青少年加强火灾预防教育

青少年是一个特殊的群体，加强对青少年的防火知识教育也是一个重要的课题。据统计：近年来，我国每年大约发生4万起火灾，伤亡人数7000～9000人，而其中10%的火灾是由小孩玩火造成的。青少年朋友常常忽略火灾的危险性，还有的同学有玩火的坏习惯，有的点火烧废纸、烧柴草，在野外堆烧废轮胎、废塑料，还有的在黑暗处划火柴、点油灯照明，或弹火柴棍、烧马蜂窝……因此，让青少年学习和掌握一些消防知识非常重要。

青少年要充分认识玩火的危害性和可能带来的严重后果，任何时候都要坚决做到不玩火。

我们知道吸烟既危害身体健康，又容易引起火灾。因此青少年要禁止吸烟，预防火灾的发生。教育部也制定了中小学生"行为规范"，要求在

校学生不要吸烟。但有的青少年违反规定，经常躲在墙角、厕所等处偷偷吸烟，如遇上老师和家长，就慌忙将烟头扔掉或藏在袖口、衣袋里，这是非常危险的。未熄灭的烟头遇到可燃物，极易引起火灾。曾经有一位13岁的少年在家里做作业时，烟瘾发作，趁爸爸妈妈外出的机会，偷吸爸爸的香烟。还没吸完一支烟，爸爸就回来了，他慌忙把手中的半截烟扔到了床下，随后又跟爸爸走出家门。不料烟头引燃了床下的易燃物，待全家人回到家时，三间房屋已变成了一片废墟。

这几年，越来越多的家用电器走进了寻常人家。大家在使用这些电器时，要格外小心，不要因使用不当而引发火灾。

随着年龄的增长，一些青少年开始走进厨房，帮助爸爸妈妈做一些力所能及的事情。现在许多家庭都使用了液化石油气，用它烧水做饭既方便又干净。但如果使用不当，很容易出现危险。因此防止在家中引起火灾也是青少年应该注意的。

无论是使用管道煤气、天然气，还是罐装液化石油气，都必须遵守"先点火、后供气"的操作程序。否则，可燃气体就会与空气混合成爆炸性气体混合物，当你点火时，就极可能发生爆炸引起火灾。年龄小的青少年不要使用液化石油气。年龄大的青少年初学点燃气灶，要按大人指点的去做，点好后要记住把火柴放在远离火源的位置，不要随手放在炉台上，以防着火。用煤气烧水做饭，不要只顾贪玩，要专门看守。随时调节气量，防止汤水溢出浇灭火焰或风吹灭火焰造成漏气，发生危险。

在野外活动时也要注意避免发生火灾。青少年在外出时身上不要携带火柴、打火机等火种，不携带任何易燃、易爆品。外出野炊活动时，一定要在老师或辅导员的带领下，选择沙滩或空旷安全的地方进行。还要注意，大风天气应停止野炊。野炊完毕，要确实熄灭火种，以防"死灰复燃"造成森林火灾。随家长进山上坟，不要焚香烧纸，献上一束鲜花，同样可以寄托对亲人的哀思。

除了青少年自身多加注意之外，彼此还要互相监督、互相提醒。如发现有同学玩火，应该立即制止，并报告老师和家长，对他们进行批评教育。

三、火灾的扑救与自救

生活中我们谁都不能确定会不会遭遇火灾，无论是在家里，还是在商场、饭店，一旦遭遇火灾，我们要做的有三件事：一是尽早通知他人和报警；二是尽快灭火；三是尽快逃生。也可以说这三件事是我们发现火情后采取行动时应掌握的三大原则。

（一）火灾发生后的扑救

1.尽早通知他人和报警

具体地说就是发现火情后，即使火不大，也不要一个人或一家人来灭火，而应尽快通知他人，这一点很重要。因为火灾的突发、多变等特性导致火势随时会扩大或蔓延。尽早通知别人，一方面可以唤起别人的警惕，及时采取措施；另一方面，还可以寻求他人的帮助，更有利于尽快将火扑灭。通知他人时，应该大声呼喊"着火啦"，如果因紧张喊不出声音，可以拍打水壶、碗盆等可发出"嘭嘭"响的东西，以引起别人的注意。

除了通知他人以外，还应及时报警，火再小也要报警。因为火势的发展往往是不可预知的，不同的火源应采取不同的扑救方法。如果我们的扑救方法不当、灭火器材所限等都有可能酿成无法控制的火灾。所以，必须

及时报。不过，如果你正忙于初期灭火，可以让其他人去报警。

中国《消防法》第三十二条明确规定：任何人发现火灾时，都应该立即报警。任何单位、个人都应当无偿为报警提供便利，不得阻拦报警。严禁谎报火警。所以，一旦失火，要立即报警，报警越早，损失越小。我们国家的火警电话是"119"。拨打"119"时要沉着、冷静，电话接通后，首先应询问对方是不是消防指挥中心，得到肯定答复后方可报警。

接通电话后要沉着冷静，向接警中心讲清失火单位的名称、地址以及着火的范围，同时还要注意听清对方提出的问题，以便正确回答。可根据消防队员的提问提供一些关于火灾的信息，比如，有没有受伤或被火围困尚未逃出的人，有没有爆炸危险物品，火灾场所附近的标志，报警人的姓名、所使用的电话。火场处于平房、楼房，还是其他建筑物，最好能讲清起火位置、燃烧物质和燃烧情况，如果火场内有被困人员，要尽可能想办法清点、统计出具体人数，为消防人员抢救提供可靠数据。打完电话后，要立即到交叉路口等候消防车的到来，以便引导消防车迅速赶到火灾现场。同时要迅速组织人员疏通消防车道，清除障碍物，使消防车到火场后能立即进入最佳位置灭火救援。如果着火地区发生了新的变化，要及时报告消防队，使他们能及时改变灭火战术，获得最佳效果。

在没有电话或没有消防队的地方，如农村和边远地区，可采用敲锣、吹哨、喊话等方式向四周报警，动员街坊四邻来灭火。

及时准确地报警，可以为消防队到达火灾现场，实施扑救火灾，抢救生命和财产赢得宝贵的时间。然而，因忙于救火忘记报警，或者大家都以为别人已经报警，实际上谁都没有报警，最终延误扑救火灾的好时机，导致财产损失、人员伤亡的案例也时有发生。

1993年8月23日凌晨2点多，昆明某夜总会发生特大火灾，使建筑面积近万平方米的大楼烧得面目全非，楼内数家单位无一幸免。过火面积8236平方米，直接经济损失1664.9万元，间接损失289万元，有20名消防官兵在扑救中中毒、受伤。不会报警、不会扑救是导致小火酿成大灾的重要原因。火灾发生初期，员工们勇敢地抢救出了价值10万余元的财产。但是，他们只顾抢出东西和救火，却忘了报警。等他们拿起灭火器时又不知如何使用，甚至把灭火器丢入火中。直至自救无效，才想起报警，却不知火警电话是多少，有的拨911，有的拨910，直到凌晨2点50分，才拨对了119，却只喊了一句"快来救火"就挂了电话。最终楼内的一家宾馆值班员于3点03分才准确地向火警台报了警，这期间耽误了半个多小时的宝贵时间，等消防队赶到现场时，三层高的大楼已经四面起火，滚滚浓烟裹着火舌窜出了窗外……

我们应该从中汲取教训，公安消防机构应该加大初期灭火和逃生自救常识的宣传力度，市民们也应该积极地参与学习与训练，做到一旦发现火情，无论别人是否报警，只要没有亲自获得已经报警的信息，就应该立即报警。

有的人发现家里着火后惊恐万分，想报警，却慌忙中拨打了"110"。或者想不起自家住址等，打了半天电话，也说不清准确情况，这些无疑会延误消防队接警、出场、灭火、救人的时间。为防万一，平时应将火警电话、自家地址、姓名及电话等写下来，贴在电话机旁的墙壁上，一旦有紧急情况发生，报警时可以照着上面写的内容读就准确无误

了。不仅是火警电话，还有"120"急救中心电话、"110"匪警电话等都应该写下来，有备无患。

2.火灾初期灭火

我们知道火灾初期，火势较小，火只是在地面等横向蔓延，这时是灭火的最佳时机。据日本消防专家研究统计，初期灭火能否成功，关键就看着火后的前3分钟。火焰一旦蔓延到纵向表面，就会很快到达顶棚，那时就不能再扑救了，而应尽快逃生。因此在发生火灾的3分钟内重要的是不要惧怕火焰，要勇敢、沉着地进行灭火。

灭火，顾名思义就是破坏燃烧条件使燃烧反应终止的过程。其基本原理归纳为以下四个方面：冷却、窒息、隔离和化学抑制。

（1）冷却灭火

对一般可燃物来说，能够持续燃烧的条件之一就是它们在火焰或热的作用下达到了各自的着火温度。因此，对一般可燃物火灾，将可燃物冷却到其燃点或闪点以下，燃烧反应就会中止。水的灭火机理主要是冷却作用。

（2）窒息灭火

各种可燃物的燃烧都必须在其最低氧气浓度以上进行，否则燃烧不能持续进行。因此，通过降低燃烧物周围的氧气浓度可以起到灭火的作用。通常使用的二氧化碳、氮气、水蒸气等的灭火机理主要是窒息作用。

（3）隔离灭火

把可燃物与引火源或氧气隔离开来，燃烧反应就会自动中止。火灾中，关闭有关阀门，切断流向着火区的可燃气体和液体的通道；打开有关阀门，使已经发生燃烧的容器或受到火势威胁的容器中的液体可燃物通过管道导至安全区域，都是十分有效的隔离灭火的措施。

（4）化学抑制灭火

就是使用灭火剂与链式反应的中间体自由基反应，从而使燃烧的链式反应中断，使燃烧不能持续进行。常用的干粉灭火剂、卤代烷灭火剂的主要灭火机理就是化学抑制作用。

3.学会用灭火器灭火

发生火灾时，要尽快利用身边的灭火工具进行灭火。如果身旁有灭火器，应该用灭火器灭火。灭火器是消灭火灾迅速快捷的有效武器。配置灭火器，一是可以及时扑灭初期火灾，只要灭火及时、方法正确，一般都可以将火扑灭。二是可以争取有利时机，予以疏散、逃生，不至于小火酿成大灾。用灭火器灭火时，不是将灭火药剂喷在正在燃烧的火焰上，而是要瞄准火源。由于各类灭火器的规格不同，灭火喷射时间也不一样，一般只有10～40秒。所以，开始灭火时就要瞄准方向，不要被向上燃烧的火焰和烟气所迷惑，而应对准燃烧物，用灭火器扫射。

随着社会发展、时代进步，一些小型灭火器逐步进入了家庭。小型灭

火器是一种轻便的灭火器材，是扑救初起火灾最常用的灭火设备，因此家庭配备灭火器，就能多一份安全，少一份忧虑。灭火器的种类很多，在日常生活中我们经常使用的是泡沫、干粉、二氧化碳等几种。

（1）泡沫灭火

泡沫灭火器包括手提式化学泡沫灭火器、推车式泡沫灭火器和空气泡沫灭火器。

手提式化学泡沫灭火器：这种灭火器使用方便、灵活，适用于一般物质和油类初起火灾。一般家用的手提式泡沫灭火器的型号为MP6型、灭火剂量为6升、它的有效喷射时间为≥40秒、有效喷射距离≥6米。适用于扑救一般B类火灾，例如油制品、油脂等火灾，也可用于A类火灾，但不能扑救B类火灾中的水溶性可燃、易燃液体的火灾，如醇、酯、醚、酮等物质火灾，也不能扑救带电设备及C类和D类火灾。

使用时可以手提筒体上部的提环，迅速奔赴火场。这时应注意不得使灭火器过分倾斜，更不可横拿或颠倒，以免两种药剂混合而提前喷出。当距离着火点2米左右时，拔出保险销。

这时可将筒体颠倒过来，一只手紧握提环，另一只手扶住筒体的底圈，轻轻抖几下，泡沫便会喷出，泡沫应尽量射到燃烧的液体上，冲击的速度不能太急，避免着火的液体流散或溅出。在扑救可燃液体火灾时，如已呈流淌状燃烧，则应将泡沫由远而近喷射，使泡沫完全覆盖在燃烧液面上。如液体在容器内燃烧，应将泡沫射向容器的内壁，使泡沫沿着内壁流淌，逐步覆盖着火液面。切忌直接对准液面喷射，以免由于射流的冲击，反而将燃烧的液体冲散或冲出容器，扩大燃烧范围。

在扑救固体物质火灾时，应将射流对准燃烧最猛烈处。灭火时随着有效喷射距离的缩短，操作者应逐渐向燃烧区靠近，并始终将泡沫喷在燃烧物上，直到扑灭。使用时，灭火器应始终保持倒置状态，否则会中断喷射。

手提式泡沫灭火器应该选择干燥、阴凉、通风并且取用方便之处存放，不可以靠近高温或可能受到暴晒的地方，以防止碳酸分解而失效；冬

季要采取防冻措施，以防止冻结；应经常擦除灰尘、疏通喷嘴，使之保持通畅。使用时，器头和筒底不能对着人，以防喷嘴堵塞而导致灭火器爆破伤人。泡沫灭火器不能和水一起使用，因为水会稀释泡沫，使泡沫失去覆盖作用。

推车式泡沫灭火器：推车式泡沫灭火器适用的火灾与手提式化学泡沫灭火器相同。使用时，一般由两人操作，先将灭火器迅速推拉到火场，在距离着火点10米左右处停下，由一人施放喷射软管后，双手紧握喷枪并对准燃烧处；另一个人则先逆时针方向转动手轮，将螺杆升到最高位置，使瓶盖开足，然后将筒体向后倾倒，使拉杆触地，并将阀门手柄旋转90度，即可喷射泡沫进行灭火。如阀门装在喷枪处，应由负责操作喷枪者打开阀门。灭火方法及注意事项与手提式化学泡沫灭火器基本相同。由于该种灭火器的喷射距离远，连续喷射时间长，因而可充分发挥其优势，用来扑救较大面积的储槽或油罐车等处的初起火灾。

空气泡沫灭火器：空气泡沫灭火器的适用范围基本上与手提式化学泡沫灭火器相同。但空气泡沫灭火器还能扑救水溶性易燃、可燃液体引起的火灾，如醇、醚、酮等溶剂燃烧的初起火灾。

使用时可手提或肩扛灭火器迅速奔到火场，在距燃烧物6米左右处，拔出保险销，一手握住开启压把，另一手紧握喷枪，用力捏紧开启压把，打开密封或刺穿储气瓶密封片，空气泡沫即可从喷枪口喷出。灭火方法与手提式化学泡沫灭火器相同。但空气泡沫灭火器使用时，应使灭火器始终保持直立状态，切勿颠倒或横卧使用，否则泡沫会中断喷射。另外，应一直紧握开启压把，不能松手，否则也会中断喷射。

空气泡沫灭火器应当放置在阴凉、干燥、通风，且取用方便的部位。环境温度应为4℃～40℃，冬季应注意防冻。要定期检查喷嘴是否堵塞，使之保持通畅。每半年检查灭火器是否有工作压力。对储压式空气泡沫灭火器只需检查压力显示表，如表针指向红色区域即应及时进行修理；对储气瓶式空气泡沫灭火器，则要打开器盖检查二氧化碳储气瓶，检查称重是否与钢瓶上的重量一致，如小于钢瓶总重量25克以上的，应当进行检查修理。每次更换灭火剂或者出厂已满3年的，应对灭火器进行水压强度试验，水压强度合格才能继续使用。灭火器的检查应当由经过培训的专业人

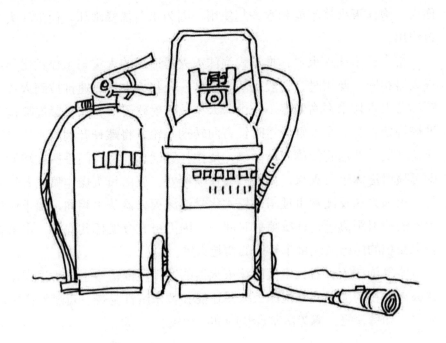

员进行，维修应由取得维修许可证的专业单位进行。

（2）二氧化碳灭火器

二氧化碳灭火器的使用比较简单。灭火时只要将二氧化碳灭火器提到或扛到火场，在距燃烧物5米左右，放下灭火器，拔出保险销，一手握住喇叭筒根部的手柄，另一只手紧握启闭阀的压把即可。对没有喷射软管的二氧化碳灭火器，应把喇叭筒向上扳70～90度。使用时，不能直接用手抓住喇叭筒外壁或金属连线管，防止手被冻伤。灭火时，当可燃液体呈流淌状燃烧时，操作者可将二氧化碳灭火剂的喷流由近而远向火焰喷射。如果可燃液体在容器内燃烧，操作者应将喇叭筒提起，从容器的一侧上部向燃烧的容器中喷射，但不能将二氧化碳射流直接冲击燃烧的液面，以防止将可燃液体冲出容器而扩大火势，造成灭火困难。二氧化碳灭火器在室外使用时，应选择上风方向喷射；在室内窄小空间使用时，灭火过程中操作者应注意防止因缺氧而窒息。

二氧化碳灭火器可以分为：推车式二氧化碳灭火器和手提式干粉灭火器：

推车式二氧化碳灭火器：这种灭火器一般由两人操作，使用时两人一起将灭火器推到或拉到燃烧处，在离燃烧物10米左右处停下，一人快速取下喇叭筒并展开喷射软管后，握住喇叭筒根部的手柄；另一人快速按逆时针方向旋动手轮，并开到最大位置。灭火方法与手提式一样。在室外使用二氧化碳灭火器时，应选择在上风方向喷射。在室内窄小空间使用时，灭火后操作者应迅速离开，以防窒息。

二氧化碳灭火器不用时要存放在阴凉、干燥、通风处，不得接近火源，环境温度应在$-5℃～45℃$之间。灭火器每半年应检查一次重量，用称重法检查。称出的重量与灭火器钢瓶底部打的钢印总重量相比较，如果低于钢印所示量50克的，应送维修单位检修。每次使用后或每隔5年，应送维修单位进行水压试验。水压试验压力应与钢瓶底部所打钢印的数值相同，水压试验同时还应对钢瓶的残余变形率进行测定，只有水压试验合格且残余变形率小于6的钢瓶才能继续使用。

手提式干粉灭火器：使用也非常方便、灵活，适用扑救油类、石油产品、有机溶剂、可燃气体和电器的初起火灾。

碳酸氢钠干粉灭火器适用于易燃、可燃液体、气体及带电设备的初起火灾；磷酸铵盐干粉灭火器除可用于上述火灾外，还可扑救固体类物质的初起火灾。但两者都不能扑救金属燃烧引起的火灾。

（3）干粉灭火器

干粉灭火器的使用方法与二氧化碳灭火器的操作方法基本相同。在扑救一般固体性火灾时，最好与水或泡沫灭火器配合使用，这样可有效地防止燃烧物质复燃，其灭火效果最佳。灭火时，可手提或肩扛灭火器快速奔赴火场，在距燃烧处5米左右处放下灭火器。如在室外，应选择在上风方向喷射。使用的干粉灭火器若是外挂式储压式的，操作者应一手紧握喷枪，另一手提起储气瓶上的开启提环。如果储气瓶的开启是手轮式的，则向逆时针方向旋开，并旋到最高位置，随即提起灭火器。当干粉喷出后，迅速对准火焰的根部扫射。使用的干粉灭火器若是内置式储气瓶的或者是储压式的，操作者应先将开启把上的保险销拔下，然后握住喷射软管前端喷嘴部，另一只手将开启压把压下，打开灭火器进行灭火。有喷射软管的灭火器或储压式灭火器在使用时，一手应始终压下压把，不能放开，否则会中断喷射。干粉灭火器扑救可燃、易燃液体火灾时，应对准火焰扫射，如果被扑救的液体火灾呈流淌燃烧时，应对准火焰根部由近而远并左右扫射，直至把火焰全部扑灭。如果可燃液体在容器内燃烧，应对准火焰根部左右晃动扫射，使喷射出的干粉流覆盖整个容器开口表面；当火焰被赶出容器时，仍应继续喷射，直至将火焰全部扑灭。在扑救容器内可燃液体火灾时，应注意不能将喷嘴直接对准液面喷射，防止喷流的冲击力使可燃体溅出而扩大火势，造成灭火困难。当可燃液体在金属容器中燃烧时间过长，容器的壁温已高于扑救可燃液体的自燃点，此时极易造成灭火后复燃的现象，此时若与泡沫类灭火器、石棉布联用，这样会取得更好的灭火效果。

使用磷酸铵盐干粉灭火器扑救固体可燃物火灾时，应对准燃烧最猛烈处喷射，并上下、左右扫射。如条件许可，操作者可提着灭火器沿着燃烧物的四周边走边喷，使干粉灭火剂均匀地喷在燃烧物的表面，直至将火焰全部扑灭。推车式干粉灭火器的使用方法与手提式干粉灭火器的使用方法类似。

干粉灭火器的维护保养

灭火器应放置在通风、干燥、阴凉且取用方便的地方，环境温度-5℃～45℃为好。

灭火器应避免高温、潮湿和有严重腐蚀场合，防止干粉灭火剂结块、分解。

每半年检查干粉是否有结块现象，储气瓶内二氧化碳气体是否泄漏。检查二氧化碳储气瓶时应将储气瓶拆下称重，称出的重量与储气瓶上钢印所标的数值是否相同，如小于所标值7克以上的，应该送维修部门修理。如果是储压式则检查其内部压力显示表，指针是否指在绿色区域。如指针已经移到红色区域，则说明内部压力已泄漏而无法使用，应赶快送维修部门检修。

灭火器一经开启必须再充装。再充装时，绝对不能变换干粉灭火剂的种类，即碳酸氢钠干粉灭火器不能换装磷酸铵盐干粉灭火剂。

每次再充装前或灭火器出厂三年后，应进行水压试验，水压试验时应注意要对灭火器筒体和储气瓶分别进行，其水压试验压力应与该灭火器上标签或钢印所示的压力相同。水压试验合格后才能再次充装使用。

维护必须由经过培训的专人负责，修理，再充装应送专业维修单位进行。

（4）酸碱灭火器

酸碱灭火器适用于扑救A类物质燃烧的初起火灾，例如木、织物、纸张等正在燃烧的火灾。它不能用于扑救B类物质燃烧的火灾，也不能用于扑救C类可燃性气体或D类轻金属火灾，同时也不能用于带电物体火灾的扑救。

在使用时应手提筒体上部提环，迅速奔到着火地点，绝不能将灭火器扛在背上，也不能过分倾斜，以防两种药液混合而提前喷射。在距离燃烧物6米左右，即可将灭火器颠倒过来，并摇晃几次，使两种药液加快混合；一只手握住提环，另一只手抓住筒体下的底圈将喷出的射流对准燃烧最猛烈处喷射。同时随着喷射距离的缩减，使用者应向燃烧处推进。

（5）1211灭火器

1211灭火器有手提式和推车式两种形式。

手提式"1211"灭火器：手提式"1211"灭火器用于扑救油类、电器、仪表、图书档案等贵重物品的初起火灾。

使用1211手提式灭火器时，应手提提把或肩扛灭火器带到火场。在距燃烧处5米左右，放下灭火器，拔掉铅封和安全销，手提灭火器上部（不要把灭火器放平或颠倒），用力紧握压把，开启阀门，储存在钢瓶内的灭火剂便可喷射出来。灭火时，必须将喷嘴对准火源根部，左右扫射，并向前推进，将火扑灭。当手放松时，压把受弹力作用恢复原位，阀门封闭，喷射停止。如果遇零星小火时，可重复开启灭火器阀门，以点射灭火。

如果灭火器无喷射软管，可一手握住开启压把，另一手扶住灭火器

底部的底圈部分。先将喷嘴对准燃烧处，用力握紧开启压把，使灭火器喷射。当被扑救可燃烧液体呈现流淌状燃烧时，操作者应对准火焰根部由近而远左右扫射，向前快速推进，直至将火焰全部扑灭。

如果可燃液体在容器中燃烧，应对准火焰左右晃动扫射，当火焰被赶出容器时，喷射流也跟着火焰扫射，直至把火焰全部扑灭。但应注意不能将喷流直接喷射在燃烧液面上，防止灭火剂的冲力将可燃液体冲出容器而扩大火势，造成灭火困难。在扑救可燃性固体物质的初起火灾时，则应将喷流对准燃烧最猛烈处喷射，当火焰被扑灭后，应及时采取措施，不让其有复燃的机会。

推车式1211灭火器：推车式1211灭火器在灭火时一般由二人操作，先将灭火器推或拉到火场，在距燃烧处10米左右处停下，一人快速放开喷射软管，紧握喷枪，对准燃烧处，另一人则快速打开灭火器阀门。灭火方法与手提式1211灭火器相同。

1211灭火器使用时不能颠倒，也不能横卧，否则灭火剂不会喷出。

另外在室外使用时，应选择在上风方向喷射；在窄小的室内灭火时，灭火后操作者应迅速撤离，因为1211灭火剂有一定的毒性，这种毒性对人体有害。

1211灭火器不用时要按以下要求进行维护保养：应存放在通风、干燥、阴凉及取用方便的场合，环境温度应在-10℃～45℃之间为好。不要存放在加热设备附近，也不应放在有阳光直晒的部位及有强腐蚀性的地方。每隔半年左右检查灭火器上显示内部压力的显示器，如发现指针已降到红色区域时，应及时送维修部门检修。每次使用后不管是否有剩余应送维修部门进行再充装，每次再充装前或出厂三年以上的，应进行水压试验，试验压力与标签上所标的值是否相同，试验合格才能继续使用。如灭火器上无内部压力显示表的，可采用称重的方法，当称出的重量小于标签所标明重量的90%时，应送维修部门修理。在实际购买时应选购有内部压力显示表的1211灭火器为好。

（6）用其他用具进行灭火

灭火时除可利用灭火器之外，还可灵活运用身边的其他东西，如用水杯、坐垫、褥垫、浸湿的床单、扫帚等进行灭火。在没有水桶的情况下，用水杯分数次接水灭火的效果实际上比用水桶效果还理想，当然这种方法只对小火有效。或者将较大的棉制被单或毛毯在水中彻底浸湿，从火源的上方慢慢地盖住火源，盖好后，再浇上少量的水。这种方法对于油锅或煤油取暖炉引起的火灾较为有效，但要防止烧伤。还可以将扫帚蘸水，使之成为湿扫帚，用其拍打火源。一只手用扫帚拍火，另一只手向火中撩水会更有效，该方法还适合用于窗帘等纵向起火的时候。

此外，洗脸盆、垃圾桶、锅盆、超市的塑料袋等身边的东西在发生火灾时都可以用来盛水灭火。平时浴缸里洗澡的水不要倒掉，待下一次洗澡时再倒。这样，一旦有火情发生，可以迅速地取水灭火。另外，洗衣机、水桶等容器内平时也应存水，做到有备无患。

在用水桶接水期间，不能停止灭火，在水桶接满水之前什么都不做是最不可取的。因为，初期灭火能否成功，关键就看着火后的前3分钟，错过了这段时间，就很难将火扑灭。所以，必须抓紧这宝贵的分分秒秒，力

争将火消灭在初期阶段。

（7）使用灭火器时应注意的问题

　　干粉灭火器属于窒息灭火，一般适用于固体、液体及电器的火灾；二氧化碳灭火器、1211灭火器属于冷却灭火，一般适用于图书、档案、精密仪器的火灾。使用二氧化碳灭火器时，一定要注意安全措施。因为当空气中二氧化碳含量达到8.5%时，就会使人血压升高、呼吸困难；当其含量达到20%时，人就会呼吸衰弱，严重者可窒息死亡。所以，在狭窄的空间使用二氧化碳灭火器后应迅速撤离或戴呼吸器。其次，要注意勿逆风使用。因为二氧化碳灭火器喷射距离较短，逆风使用可使灭火剂很快被吹散而影响灭火。此外，二氧化碳喷出后迅速排出气体并从周围空气中吸收大量热量，因此，使用中要防止冻伤。

　　遇木材、棉、毛、麻、纸张、塑料等固体燃烧，手头又找不到灭火器材时，可直接用水灭火。

　　遇汽油等液体燃烧时，不得用水灭火，因为水只会助燃，只能使用消防器材进行灭火。

遇煤气、石油气等气体燃烧时，应及时切断气源并用消防器材灭火。

救火时，应迅速找到消防器材或水源进行灭火。如果条件许可，请用水把身上淋湿，用湿毛巾捂住口鼻。有条件的居民家庭还可以在厨房或气瓶存放处安装小型单体可燃气体报警器，以便及早发现排除由于易燃气体泄漏造成的火灾隐患。

4.不同火源的灭火方法

由于发生火灾的起因不同，火源也就不同。在进行灭火时，对于不同的火源我们要采用相应的灭火方法，有针对性地进行快速灭火。

当家里的电视机或微波炉等电器突然冒烟起火，首先要做到的是千万不要惊慌，并且要迅速拔下电源插头，切断电源，防止灭火时触电伤亡；用棉被、毛毯等不透气的物品将电视机包裹起来，使火因没有了空气而熄灭；身旁有灭火器时，可以用来灭火。灭火时，灭火剂不应直接射向荧光屏，因为荧光屏燃烧受热后如果再遇冷就有发生爆炸的可能。

日常生活中，有时会因不慎将已点燃的炉子撞倒而引燃其他可燃物。当遇到这种情况时，首先应镇定。可能的话，用浸湿的抹布等将炉子扶起来，然后可根据实际情况采取相应措施。

如果有灭火器，可直接向火源喷射；如果没有灭火器，可以将水桶里的水倒在正燃烧的物品上，或者盖上毛毯后，再向毛毯上浇水；将火扑灭后，应多浇一些水，使其冷却，防止复燃。

如果浴室突然起火首先应切断电源或关闭燃气总阀，准备好灭火器或水，慢慢地将门打开，再迅速用灭火器或水灭火。如果一下子把门打开，就等于补充了空气，反而会加大火势。

身上衣服意外起火时，千万不要惊叫、乱跑，要立即离开火场，然后就地躺倒，手护脸滚动灭火或者身体贴紧墙壁将火压灭；也可以用厚重衣物裹在身上，压灭火苗。千万不要到处乱跑，以免风助火势，使燃烧更旺，或者引燃其他可燃物品。如果附近有水池，或者正在家里，而浴缸里有水的话，只要跳进去，即可熄灭身上的火焰。

我们的头发也易燃。一旦头发着火时，应沉着、镇定，不能乱跑。应

迅速用棉制的衣服或毛巾套在头上，然后浇水，将火熄灭。

　　窗帘、隔扇、屏障等也非常容易着火。如果火着起来了，在火势还小的时候，可在火焰的上方弧形泼水，或用浸湿的扫帚拍打火焰。当然，看到起火才去用水桶接水来浸湿扫帚的话，显然会延误灭火的好时机。因此，最好的方法是平时就把浴缸、水桶等灌满水，哪怕是洗脸、洗菜的剩水都不要马上倒掉，待下次洗澡、洗脸、洗菜的时候，再换掉。这样，始终保持这些容器中有水，有备无患。一旦发现火情，立即可以派上用场，为彻底灭火赢得哪怕是一分一秒的宝贵时间。到那时，洗用的剩水就是救命之水。

　　如果用水已来不及灭火，可以将窗帘撕下，将屏障等踢倒，用脚把火踩灭。如果家中还有人，可以由一人去取水，其他人先用撕下、踢倒、踩灭等方法救火。

　　油锅着火时，千万不要向锅里倒水。因为冷水遇到高温的油，会出现

"炸锅"现象，使油火四处飞溅，导致火势加大，人员伤亡，所以应该关掉煤气总阀，切断气源，然后再救火；使用灭火器救火时，应对准锅边儿或墙壁喷射灭火剂，使其反射过来灭火，这样可以防止灭火剂吹散锅内的油，引燃其他物品；没有灭火器时，可以用大锅盖盖住，隔绝空气；或蒙上浸湿的毛巾，使油温降低，把火扑灭。

当灶具着火时，应迅速切断气源，这是最最重要的。操作时一定要用浸湿的棉布包住手臂，以防被火烧伤。身旁有灭火器时，应立即拿起灭火器扑救。不要忘记及时报警，请求消防队的支援。

如果家里的衣服、织物及小件家具等起火，千万不要惊慌，更不要在家里胡乱扑打，以免火星引燃其他可燃、易燃物品。应该在火势还小时迅速把起火的东西拿到室外或者卫生间等比较安全的地方，然后，用水将火浇灭即可。如果浴盆、水桶里有水，则应立即将着火的衣服等放到水里，火即可熄灭。

固定家具起火，不方便移动，应迅速将旁边的可燃、易燃物品移开，以免将其引燃，造成火势扩大。如果家中备有灭火器，可立即拿起灭火

器，向着火家具喷射。如果没有灭火器，可用水桶、水盆、饭锅等盛水扑救。当然，如果浴盆、水桶等容器里备有水，就方便多了，可立即拿来用于救火。这样可以赢得时间，把火消灭在萌芽状态。

汽油、煤油着火时，如果备有灭火器，应立即用灭火器灭火。没有灭火器时，可用沙土扑救，还可以把毛毯浸湿，然后覆盖在着火物上。千万记住：汽油、煤油着火时不能向上浇水。因为汽油、煤油的比重比水轻，着火时，如果用水扑救，比重大的水往下沉，比重轻的油往上浮。浮在水面上的汽油等仍会继续燃烧，并且还会随着水到处蔓延，扩大燃烧面积，危及周围人员和财产的安全。所以遇到汽油、煤油着火，应立即用泡沫、二氧化碳和干粉等灭火器灭火，严禁用水扑救。

遇到酒精着火，可以用沙土灭火，或者用浸湿的麻袋、棉被等覆盖灭火。如果有抗溶性泡沫灭火器，也可以用来灭火。因为普通泡沫即使喷在酒精上，也无法在酒精表面形成能隔绝空气的泡沫层。所以，对于酒精起火，应首选抗溶性泡沫灭火器来扑救。

看到电线冒火花，应该首先关闭电源总开关，或者通知供电部门断电后再扑救。电源切断前，千万不能盲目靠近，以防触电，引发伤亡事故。

从上面的灭火方法我们可以看到，无论是何种火源的灭火，都必须遵

循以下的原则进行：

首先要控制可燃物。用非燃或小燃材料代替易燃或可燃材料；采取局部通风或全部通风的方法，降低可燃气体、蒸气和粉尘的浓度；对能相互作用发生化学反应的物品分开存放。

再者要隔绝助燃物。使可燃性气体、液体、固体不与空气、氧气或其他氧化剂等助燃物接触。消除着火源，严格控制明火、电火及防止静电、雷击引起火灾。同时要阻止火势蔓延。防止火焰或火星等火源窜入有燃烧、爆炸危险的设备、管道或空间，或阻止火焰在设备和管道中扩展，或者把火势限制在一定范围不致引起火灾。

5.不能用水灭火的火灾

在灭火的过程中基于水火不相容的道理，我们习惯性地会用水这一天然灭火工具进行灭火。事实上，并不是所有的火源都适合用水进行扑灭，甚至一些火灾在有了水的加入后非但不会减小，还会越烧越旺。

一些容易和火发生反应的金属起火不能用水扑救。例如碱金属，就

不适合用水扑救。因为水与碱金属（如金属钾、钠）作用后能使水分解而生成氢气和放出大量热，容易引起爆炸。同理，碳化碱金属、氢化碱金属也不能用水扑救。碳化钾、碳化钠、碳化铝和碳化钙以及氰化钾、氯化镁等金属遇水发生化学反应，能释放出大量热，可能引起着火和爆炸。轻于水的和不溶于水的易燃液体，原则上不可用水扑救。熔化的铁水、钢水不能用水扑救，因铁水、钢水温度约在1600℃，水蒸气在1000℃以上时能分解出氢和氧，有引起爆炸的危险。三酸（硫酸、硝酸、盐酸）同样不能用强大水流去扑救．必要时，可用喷雾水流扑救。我们知道水可以导电，所以，那些高压电气装置火灾，在没有良好接地设备或没有切断电源的情况下，也不能用水扑救。

总之，在火灾初期阶段，火势较小，如果能够正确及时地采取扑救措施，相信是完全可以将火消灭在萌芽状态，避免造成无法挽回的人员伤亡和财产损失。

（二）火场逃生方法

现实生活中，每个人都祈求平安，但是灾难往往不请自来。一旦火灾降临，在浓烟毒气和烈焰包围下，往往会有不少人葬身火海，也有人死里逃生幸免于难。"只有绝望的人，没有绝望的处境，"面对滚滚浓烟和熊熊烈焰，只要冷静机智运用自己学习和掌握的火场逃生知识，就极有可能拯救自己。因此，掌握更多的火场逃生的要诀，困境中或许能获得第二次生命的机会。

1.火灾逃生总原则

（1）保持冷静，切勿慌乱

发生火灾后，情况往往比较危急，许多人都来不及思考，加上环境的混乱，非常容易在火海中乱走乱转，从而延误逃生的最佳时机。因此，这就要求我们要了解和熟悉我们经常或临时所处建筑物的消防安全环境。对我们通常工作或居住的建筑物，事先可制订较为详细的火灾逃生自救计划，以及进行必要的逃生训练和演练。对确定的逃生出口、路线和方法，

要让所有成员都熟悉，而且必须要掌握。必要时可把确定的逃生出口和路线绘制成图，张贴在明显的位置，以便平时大家了解和熟悉，一旦发生火灾，则按逃生计划顺利逃出火场。当人们外出，走进商场、宾馆、酒楼、歌舞厅等公共场所时，要留心看一看太平门、安全出口、灭火器的位置，以便遇到火灾时能及时疏散和灭火。只有警钟长鸣，养成习惯，才能处险不惊，临危不乱。

　　火灾的发展和蔓延比较迅速，超乎人们的想象，面对越来越凶猛的火势，一定要保持冷静，保持头脑清晰，以便在最短的时间做出正确的判断。在烈火和浓烟的环境中，受困者会表现出高度紧张、极度恐惧和急切求生的心理和行为。火场中的惊慌状态，往往使人不能自控，失去理智，导致判断失误、报警不及时、逃生方式不合理等，有人甚至因惊吓而死亡。对受困者来说，烈火不是最强大的敌人，真正强大的敌人是受困者本人的惊慌。因此，在火灾现场保持镇静，克服恐惧心理，用理智来支配自己的行为，就显得特别重要。可以说，只有保持理智才可能求生有望。在产生惊慌时，可采用自我暗示法如反复默念"我要冷静！""我要冷静！""我有办法逃出去！"等，以此来缓解紧张情绪，然后对火场情况作出准确判断，选择正确的方法逃生自救。

（2）**积极逃生，迅速撤离**

发生火灾后，一定要迅速撤离火灾场所。逃生行为是争分夺秒的行动，哪怕一分之差也可能会丧失逃生的机会。一旦听到火灾警报或意识到自己可能被烟火包围，千万不要迟疑，要立即跑出房间，设法脱险，切不可延误逃生良机。火情瞬息万变，哪怕一分一秒，有时也会决定生与死。在火场中，人的生命是最珍贵的，时间就是生命，逃生是第一要务，要就近利用一切可以利用的工具、物品，想方设法迅速撤离火灾危险区。1989年，某县就曾发生过一位青年妇女已经逃离险境又返回火

场穿衣服、抢拿财物，导致丧命火场的悲剧。一般说，火灾初期烟少火小，只要迅速撤离，是能够安全自救的。因此，遇到火灾迅速撤离是比较正确的做法。

（3）注意防烟，切莫哭闹

发生火灾后，容易产生烟雾，影响我们的逃离视线，很难辨明方向，而且吸入烟气过多还容易产生窒息，从而导致死亡。因此，当火灾发生时，在已准确判断火情的前提下，必须冷静机智地运用各种防烟手段进行防护，想尽办法冲出烟火区域。

火场上烟气都具有较高的温度，所以安全通道的上方，烟气浓度大于下部，特别是贴近地面处最低。疏散中穿过烟气弥漫区域时，以低姿行进为好。例如弯腰、蹲姿、爬姿等。剧烈的运动可增大肺活量，当采取猛跑方式通过烟雾区时，不但会增大烟气等毒性气体的吸入量，而且容易产生由于视线不清所致的碰壁、跌倒等事故。因此，通过烟雾区不宜采用速度

过快的方式。

　　值得注意的是在烟气弥漫能见度极差的环境中逃生疏散，应低姿细心搜寻安全疏散指示标志和安全门的闪光标志，按其指引的方向稳妥行进，切忌只顾低头乱跑或盲目地喊叫。

　　当必须通过烟火封锁区域时，应用水将全身淋湿，衣服裹头，湿毛巾或手帕掩口鼻或在喷雾水枪掩护下迅速穿过。

　　（4）寻找出口，切勿盲从

　　在寻找出口的时候，切忌盲目跟随他人乱跑，否则不仅会造成疏散堵塞，还有可能会被踩压或走进死胡同，造成疏散延误和群死群伤。如1994年11月27日13时28分，辽宁省阜新市发生了震惊全国的特大火灾。在一幢单层的艺苑歌舞厅，有233人丧生，就是与被困人员拥挤、踩压有关。歌舞厅仅有一个0.83米宽的小门，且有5个台阶，发现着火时，所有舞池中的人立即拥向小门逃生。一人跌倒还未及爬起，后面接踵而到的人便被绊倒，呼啦一下子，逃生者就人叠人地堵住了小门。灾后发现，死者呈扇形拥在门口处，尸体叠了9层，约有1.5米高，其景惨不忍睹。因此，在逃生过程中如看见前面的人倒下去了，应立即扶起，对拥挤的人应给予疏导或选择其他疏散方法予以分流，减轻单一疏散通道的压力，竭尽全力保持疏散通道畅通，以最大限度减少人员伤亡。现在建筑物内一般标有明显的出口标志。如"太平门""紧急出口""安全通道""安全出口"等标志、逃生方向的箭头、事故照明灯，引导疏散逃生。因此，大家要养成良好习惯，每到一个陌生的地方，首先要搞清楚其安全出口的位置，紧急情况时可以疏散逃生。

（5）善于观察，灵活出逃

在出逃过程中可能因为火势浓烟的阻挡，容易造成通路封锁的现象，这时候不要坐以待毙，要谨慎观察，利用各种地形、设施选择各种比较安全的办法下楼。首先是通过正常楼梯下楼，如果没有起火，或火势不大，可以裹上一件雨衣(尼龙、塑料禁用)、用水浸湿的毯子、棉被包裹全身后，快速从楼梯冲下去。如果楼梯脱险已不可能，可利用墙外排水管下滑，或用绳子顺绳而下，二楼、三楼可将棉被、席梦思垫等扔到窗外，然后跳在这些垫子上。跳时，可先爬到窗外，双手拉住窗台，再跳。这样可减少一人加一手臂高度，还可保持头朝上体位，减少内脏，特别是头颅损伤。

当火势还没有蔓延到房间内时，紧闭门窗、堵塞孔隙，防止烟火窜入。若发现门、墙发热，说明大火逼近，这时千万不要开窗、开门，可以用浸湿的棉被等堵封，并不断浇水，同时用湿毛巾捂住嘴和鼻子，一时找不到湿毛巾可以用其他棉织物替代，其除烟率达60%～100%，可滤去10%～40%的一氧化碳。

（6）设法暂避，紧急求救

在无路可逃的情况下，应积极寻找暂时的避难处所，以保护自己，并择机而逃。如果在综合性多功能大型建筑物内，可利用设在走廊末端以及卫生间附近的避难间，躲避烟火的危害。如果处在没有避难间的建筑里，被困人员应创造避难场所与烈火搏斗，求得生存。首先，应关紧房间迎火的门窗，打开背火的门窗，但不要打碎玻璃，窗外有烟进来时，要赶紧把窗子关上。如门窗缝或其他孔洞有烟进来时，要用毛巾、床单等物品堵住，或挂上湿棉被、湿毛毯、湿床袋等难燃物品，并不断向迎火的门窗及遮挡物上洒水，最后淋湿房间内一切可燃物，一直坚持到火灾熄灭。被烟火围困暂时无法逃离的人员，应尽量呆在阳台、窗口等易于被人发现和能避免烟火近身的地方。主动与外界联系，以便极早获救。如房间有电话、对讲机、手机，要及时报警。如没有这些通讯设备，白天可用各色的旗子或衣物摇晃，向外投掷物品，夜间可摇晃点着的打火机、划火柴、打开电灯、手电向外报警求援，直到消防队来救助脱险或在能疏散的情况下择机

逃生。消防人员进入室内都是沿墙壁摸索行进，所以在被烟气窒息失去自救能力时，应努力滚到墙边或门边，便于消防人员寻找、营救；此外，滚到墙边也可防止房屋结构塌落砸伤自己。在逃生过程中如果有可能应及时关闭防火门、防火卷帘门等防火分隔物，启动通风和排烟系统，以便赢得逃生的救援时机。充分暴露自己，才能争取有效拯救自己。

（7）谨慎跳楼，减轻伤亡

身处火灾烟气中的人，精神上往往陷于极端恐怖和接近崩溃的状态，惊慌的心理极易导致不顾一切的伤害性行为，如跳楼逃生。应该注意的

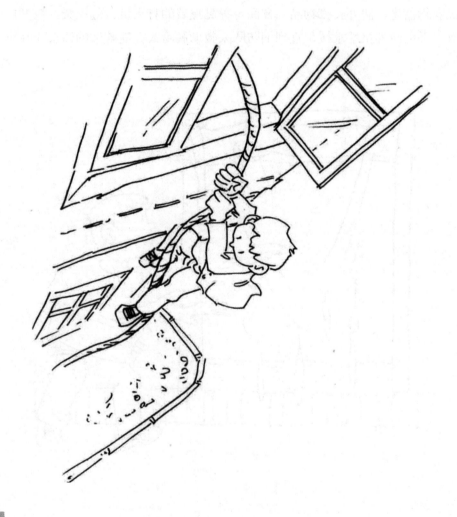

是，只有消防队员准备好救生气垫并指挥跳楼时或楼层不高(一般4层以下)，非跳楼即烧死的情况下，才采取跳楼的方法。即使已没有任何退路，若生命还未受到严重威胁，也要冷静地等待消防人员的救援。跳楼也要讲技巧，跳楼时应尽量往救生气垫中部跳或选择有水池、软雨篷、草地等方向跳；如有可能，要尽量抱些棉被、沙发垫等松软物品或打开大雨伞跳下，以减缓冲击力。如果徒手跳楼一定要扒窗台或阳台使身体自然下垂跳下，以尽量降低垂直距离，落地前要双手抱紧头部身体弯曲卷成一团，以减少伤害。跳楼虽可求生，但会对身体造成一定的伤害，所以要慎之又慎。请记住：跳楼不等于自杀，关键是要有办法。

2.学校火灾的逃生方法

如果学校的寝室、教室、实验室、食堂等处发生火灾，青少年朋友切忌慌张、乱跑，要冷静地探视着火方位，确定风向，并可采用以下方法逃生：

用毛巾、手帕捂鼻护嘴法。因火场烟气具有温度高、毒性大、氧气少、一氧化碳多的特点，人吸入后容易引起呼吸系统烫伤或神经中枢中毒，因此在疏散过程中，应采用湿毛巾或手帕捂住嘴和鼻。注意不要顺风疏散，应迅速逃到上风处躲避烟火的侵害。由于着火时，烟气太多聚集在上部空间，向上蔓延快、横向蔓延慢，因此在逃生时，不要直立行走，应弯腰或匍匐前进，但液化石油气或城市煤气着火时，不应采用匍匐前进的方式。

还可以将浸湿的棉大衣、棉被、门帘子、毛毯、麻袋等遮盖在身上，确定逃生路线后，以最快的速度直接冲出火场，到达安全地点。但注意，一定要捂鼻护口，防止一氧化碳中毒。

如果走廊或对门、隔壁的火势比较大，无法疏散，可退入一个房间内，可将门缝用毛巾、毛毯、棉被、褥子或其他织物封死，防止受热，可不断往上浇水进行冷却。防止外部火焰及烟气侵入，从而达到抑制火势蔓延速度、延长时间的目的。

发生火灾时，如果实在无路可逃时，可利用卫生间进行避难。因为卫

生间湿度大、温度低，可用水泼在门上、地上，进行降温，水也可从门缝处向门外喷射，达到降温或控制火势蔓延的目的。

现代教学楼由于楼层逐渐增高，结构越来越复杂，学生密度大，加上课桌、课椅等可燃物较多，当发生火灾时，逃离比较困难。一旦楼房着火，应当按以下方法逃生：

起火时，如果楼道被烟火封死，应该立即关闭房门和室内通风孔，防止进烟。如果楼道中只有烟没有火，可在头上套一个较大的透明塑料袋，防止烟气刺激眼睛和吸入呼吸道，并采用弯腰的姿势，逃离烟火区。千万不要从窗口往下跳。如果楼层不高，可以在老师的保护和组织下，用绳子从窗口降到安全地区。发生火灾时，不能乘电梯，因为电梯随时可能发生故障或被火烧坏，应沿防火安全疏散楼梯朝底楼逃离。

如果多层楼着火，因楼梯的烟气火势特别猛烈时，可利用房屋的阳台、雨篷逃生，也可采用绳索、消防水带，可用床单撕成条连接代替，将

一端紧拴在牢固采暖系统的管道或散热气片的钩子（暖气片的钩子）、门窗或其他重物上，再顺着绳索慢慢滑下。

在不能逃离到安全通道的情况下，要等待援救。最好躲避在窗口、阳台、阴台、房顶、屋顶或避难层处，向外大声呼叫，敲打金属物件、投掷细软物品，夜间可利用手电筒、打火机等物品，通过声响、光亮，发出求救信号，引起救援人员的注意，为逃生争得时间。

如无条件采取上述自救办法，而时间又十分紧迫，烟火威胁严重，被迫跳楼时，低层楼可采用此方法逃生：首先向地面上抛下一些厚棉被、沙发垫子，以增加缓冲，然后手扶窗台往下滑，以缩小跳楼高度，并保证双脚首先落地。

　　除了教学楼外，学生公寓也是容易发生火灾的场所。当公寓发现着火并难以自行扑救时，应迅速跑出着火房间并关闭房门，截断烟雾的扩散和阻碍火势的蔓延，并呼喊或通知楼上各房间的同学。有时间的话要披上浸湿的衣服、被褥等迅速向安全出口方向撤离，不要往柜子里或床底下钻，也不要躲藏在角落里，更不要贪恋财物，盲目往火场里跑。撤离火场时，楼上同学要迅速沿楼梯往楼下跑，跑时应该沿楼梯右侧有秩序地运动，以

便为救援人员留出通道。不要在着火时乘坐普通电梯逃生。无论是位于起火房间还是未着火房间，逃到室外后，要随手关闭通道上的门窗，以减缓烟雾沿人们逃离的通道蔓延。当烟雾呛人时，应该尽量贴近地面沿墙根爬行撤离，并要用湿毛巾、浸湿的衣服等捂住口、鼻，并屏住呼吸，不要大声喊叫，以防中毒。单元内有天窗的可以顺便打开天窗，爬到楼顶平台上，躲避烟火的威胁，等待消防人员救援。

一旦被火势困住，要利用避难间等空间紧急避难。一些大型综合性多功能建筑物一般都在经常使用的电梯、楼梯、公共厕所附近以及走廊末端设置避难间，可将短时间内无法疏散到地面的人员，以及在火灾期间将不能中断工作的人员暂时疏散到避难间。如公寓未设置专门的避难间，人们可以根据实际情况，如利用阳台的可燃物少、方便同外界接触的空间，自创避难小空间避难待援。

当自己所在的地方被大火封闭时，可以暂时退入居室。应关紧房间临近火势的门窗，打开背火方向的门窗，但不要打碎玻璃，窗外有烟进来时，要赶紧把窗子关上，并用浸湿的被褥、衣物等堵塞门窗缝，泼水降温。同时，要积极向外寻找救援，用打手电筒、挥舞色彩明亮的衣物、呼叫的方式向窗外发送求救信号，以引起救援者的注意。

逃出火场的同学应尽快清点周围同学人数，及时向消防人员报告火场情况。由消防队员进行及时彻底的灭火。

3.家庭火灾的逃生方法

人的一生，大部分时间是在家中度过的。家庭住宅发生火灾的概率也很大。2008年，我国范围内共发生村民、居民住宅火灾5.2万起，有968人死于住宅火灾。美国每年则有3500人左右因此而死亡，受伤者更是成千上万。在家庭火灾中，受威胁最大的是5岁以下的幼儿或者老年人。因此，为了减少火灾对自己和家人的伤害，人们除了时刻注意做好家庭火灾预防之外，还应熟悉并掌握科学的住宅火灾逃生方法。这样，即使不幸遭遇火灾，也可以运用这些逃生方法使自己和家人幸免于难，绝处逢生。

另外，借鉴国外先进的防火安全经验，总结家庭防火小常识，以帮助人们从火灾中安全逃生。

首先，要绘制家庭逃生计划，并明显地标出每个房间的逃生口（至少两个：一个是门，另一个是窗户或阳台）；要确保门和窗户都能在紧急情况下快速打开；如果窗户和阳台装有安全护栏，应在护栏上留出一个逃生口；充分利用阳台进行有效逃生。

其次，如果你家住宅为两层或者两层以上，那么在楼上房间里应备好手电筒、逃生用的绳子；在住宅的各层和各个卧室都应安装感烟探测器，并且一个月检查一次，每年换一次电池；睡觉时将房门关闭，万一发生火灾，可以推迟烟气进入卧室的时间；记住将房门钥匙放在床头容易摸到的地方，以便在紧急情况下容易找到并开门逃生。

如果家里发生火灾，在开门之前用手背试试门把，如果发热，则千万不要开门，而应利用窗户逃生；室内充满烟气时，则用毛巾或者其他东西捂住口鼻，降低姿势，爬向最近出口。

如果被困在室内，则应趴在窗口附近，等待救援；用毛毯、布头、枕头等将门缝堵死；用色彩鲜艳的床单、毛巾或者手电筒向外发出求救信号；充分利用室内可用的东西进行逃生，如用床单或者其他东西结绳自救等。

最后，一旦撤离火场，千万不要再返回拿东西或者救人。

美国、加拿大、澳大利亚、新西兰、日本等国家，特别强调家庭逃生计划的制定和演练，他们认为这是大大降低家庭住宅火灾死亡人数的有效方法。同时，因为各种火场逃生方法具有一定的普遍性，所以，熟悉各种家庭逃生方法的人，即使在其他类型的建筑内遭遇火灾，也会做到举一反三，成功自救或者挽救他人生命。由此可见，家庭逃生计划不仅会保护家人不在家中受到火灾的伤害，还能提高家人的防火意识。我们的社会是由一个一个家庭组成的，如果每个家庭都能做到积极学习逃生知识和技能，积极制定逃生计划，那么，整个社会的防火意识和火场逃生能力就会提高，从而会大大减少火灾的发生概率和火场伤亡人数。下面我们以美国的家庭逃生计划为例，对其进行详细叙述。

美国消防专家经过调查认为：大多数住宅火灾发生在晚上8点到早上

8点之间。大多数住宅火灾造成的死亡事故则发生在午夜至次日凌晨4点之间，因为这个时间大部分人都已经进入深睡状态。美国每天平均发生800起住宅火灾。不管是什么原因造成的火灾，家里一般都会充满大量的烟气，这对于家庭成员的安全非常不利。因为浓烟和有毒气体的作用，人们可能连自己居住的房间门口也找不到，所以容易被困在室内。有实例证明，家庭逃生计划会大大提高家庭成员安全逃生的概率。因此，我们要学会利用家庭逃生计划来进行出逃。

家庭逃生计划的第一步就是提前作好计划。那么，家庭成员应该提前作好什么计划呢？

首先，每个家庭内都应该安装感烟探测器，并使其保持在正常工作状态（每月检查一次，每年换一次电池）。

其次，跟家庭成员一起确定逃生路线。

再次，让每位家人在睡觉时都把房门关严。事实证明，如果房门关闭，火灾需要10～15分钟才能将木门烧穿，所以，关闭房门会在紧急时刻为家人的逃生赢得宝贵的时间。

最后，所制定的逃生计划应能保证家庭成员无论在家里的哪个房间、哪个位置，都应至少有两个逃生出口：一个是门，另一个是窗户或阳台。

接下来要设计家庭逃生路线，这是非常重要的。家庭逃生路线是全部家庭成员坐在一起制定出来的，每个家庭成员都应该熟悉从家中安全逃生的两条路线，了解如何快速开门和开窗。现在很多家庭为了防盗，都装上了防盗门和防护栏，这样不利于紧急情况下的快速逃生。1987年，一起住宅火灾夺走了一家四口的生命。原因就是其窗户装有安全护栏，在火灾发生后这家人无法从窗户逃生。因此，护栏上应留有逃生口，平时也应加强快速开门、开窗的练习。如果窗户坏了，不能快速打开，那么应抓紧将其修好，或者在紧急情况下将玻璃砸碎后逃生。这里有一点需要强调，除了通到室外的大门之外，每个房间中两个出口的开启不应需要钥匙或者其他工具，这样有利于快速逃生。

发生火灾时容易产生有毒烟雾，不利于人体的疏散。因此每个家庭成员都应该牢记在烟层之下疏散的重要性。火灾中的烟气和热气都聚集在室内空间的上层，较新鲜凉爽的空气都在地面附近。所以，如果室内充满烟

气，每个家庭成员都应该知道赶紧趴下，爬到附近出口逃生。但注意在开门之前，先用手背试试门。如果门不热，则慢慢将门打开，出门后应立即关闭房门。如果门已经很热，则不要打开。然后爬向第二个出口。同时还应该做到：用床单、毛巾、衣服等将门缝堵死，把烟气挡在门外；如果室内有电话，则应向消防队报警，告诉他们你的确切位置（即使消防队员已经到达了现场）。在窗边等候救援，用鲜艳的床单、手电或者其他易被发现的东西向外发出求救信号。全家人应该进行这种被困室内的练习，记住应该做的每个步骤，这样在火灾情况下就不会惊慌。

在制定家庭逃生计划时，应确定一个全家人在逃生之后的集合地点，该地点应比较安全、固定（不应是可以被移走的东西，如车）并容易找到。为家人确定这个集合地点非常重要，它一方面避免家庭成员在逃出后互相寻找，另一方面能有效避免家庭成员重新冲进火场救人。从火场中逃出后来到集合地点的家人，可派一人去附近安全的邻居家或者其他可以打电话的地方报警。如果有家人被困室内，应立即告诉消防队员他（她）可能在的位置，家庭成员无论如何都不能重新冲进火场。

在出逃时还要帮助需要特别照顾的家庭成员。婴儿、小孩儿、残疾人或者老年人等在逃生过程中都需要特殊照顾。所以，在制定家庭逃生计划时，应考虑到这些因素并跟家人共同探讨最佳的解决办法。最好是将责任固定分配给家中比较强壮的人，这样在紧急情况下大家都知道自己该做什么。小孩子在受到惊吓之后容易藏到衣柜里或者床底下。所以家长应该鼓励小孩子逃到室外，千万不要藏起来，要训练孩子开门、开窗，从梯子上下去。如果窗户不高，让他们自己从窗户跳下去（俯身跳下，头上脚下，落地时将膝盖弯曲），或者在大人进出之前，先用绳子将孩子滑至地面，让孩子们学会报警，报警时让其熟练地说出自己的家庭住址，以及发生火灾的位置等。

4.单元式住宅区的逃生方法

在家庭住宅中，单元式住宅比较常见，掌握如何在单元式住宅区逃生非常重要。

当火灾发生后，大多数人在火场受困时都会采用门窗逃生。利用门窗逃生的前提条件是火势不大，还没有蔓延到整个单元住宅，同时，是在受困者较熟悉燃烧区内通道的情况下进行的。具体方法为：把被子、毛毯或褥子用水淋湿裹住身体，低身冲出受困区。或者将绳索一端系于窗户中横框(或室内其他固定构件上，无绳索，可用床单和窗帘撕成布条代替)，另一端系于小孩子或老人的两腋和腹部，将其沿窗放至地面或下层窗口，然后破窗入室从通道疏散，其他人可沿绳索滑下。

在火场中由于火势较大无法利用门窗逃生时，可利用阳台逃生。高层单元住宅建筑从第七层开始每层相邻单元的阳台相互连通，在此类楼层中受困，可拆破阳台间的分隔物，从阳台进入另一单元，再进入疏散通道逃生。建筑中无连通阳台而阳台相距较近时，可将室内的床板或门板置于阳台之间搭桥通过。如果楼道走廊充满浓烟无法通过时，可紧闭与阳台相通的门窗，站在阳台上避难。

在室内空间较大而火灾占地不大时可利用空间法逃生。其具体做法是：将室内(卫生间、厨房都可以，室内有水源最佳)的可燃物清除干净，同时清除与此室相连的部分可燃物，清除明火对门窗的威胁。然后紧闭与燃烧区相通的门窗，防止烟和有毒气体的进入，等待火势熄灭或消防人员的救援。

在火势封闭了通道时，可利用时间差逃生，由于一般单元式住宅楼为

一、二级防火建筑，耐火极限为2.5～3小时，只要不是建筑整体受火势的威胁，局部火势一般很难使住房倒塌。利用时间差的具体逃生方法是：人员先疏散至离火势最远的房间内，在室内准备被子、毛毯等，将其淋湿，采取利用门窗逃生的方法，逃出起火房间。

此外，当房间外墙壁上有落水或供水管道时，有能力的人，可以利用管道逃生，这种方法一般不适用于妇女、老人和小孩。

在逃生过程中，正确估计火势的发展和蔓延趋势，不得盲目采取行动；防止产生侥幸心理，先要考虑安全及可行性后方可采取实施。在火场中或有烟在室内行走，应尽量低身弯腰以降低高度，防止窒息。在逃生途中尽量减少所携带物品的体积和重量。最重要的是逃生、报警、呼救要结合进行，防止只顾逃生而不顾报警与呼救的情况。

5.高层建筑火灾的逃生方法

高层建筑也是容易发生火灾的场所。由于高楼结构比较复杂，一旦发

生火灾，与普通建筑物相比，危险性更大，如处置不当，往往会发生生命危险。

　　火灾发生后，最重要的是保持镇静，千万不可惊慌失措，更不要盲目行动。首先要冷静地观察火情和环境，迅速分析判断火势趋向和灾情发展的可能，理智作出果断决策，万万不可留恋火场中的财物而长时间逗留。抓住有利时机，选择合理的逃生路线和方法，争分夺秒地逃离火灾现场。

　　楼下发生火灾，住在楼上的人一定要沉着、镇静。既不能听天由命，也不要惊慌失措。要冷静，要迅速辨明哪个方位起火，然后再决定逃生路线，以免误入"火口"。有时，楼梯或者门口已经着火，但火势并不大，这时可用湿棉被、床单、浴巾等物披在身上，从楼梯或者门口火中冲出去。虽然人可能会受点伤，但可避免生命危险。在这种情况下，要早下决心，越是犹豫不决，火势越烧越大就会失去逃生的宝贵机会。

　　火场逃生要迅速，动作越快越好，但是，千万不要轻易乘坐普通电梯。因为发生火灾后，都会断电而造成电梯"卡壳"，这样逃生者会被困在电梯中，反而处于更危险的境地，给救援工作增加难度；另外，电梯口直通大楼各层，火场上烟气涌入电梯并极易形成"烟囱效应"，人在电梯里随时会被浓烟毒气熏呛而窒息。

楼梯上一旦着火，人们往往会惊慌失措。尤其是在楼上的人，更是急得不知如何是好。一旦发生这种火灾，要临危不惧，首先要稳定自己的情绪，保持清醒的头脑，想办法就地灭火，如用水浇、用湿棉被覆盖等。如果不能马上扑灭，火势就会越烧越旺，人就有被火围困的危险，这时应该设法脱险。有时楼房内着火，楼梯未着火，但浓烟往往朝楼梯间灌，楼上的人容易产生错觉，认为楼梯已被切断，没有退路了。其实大多数情况下，楼梯并未着火，完全可以设法夺路而出。如果被烟呛得透不过气来，可用湿毛巾捂住嘴鼻，贴近楼板或干脆跑走。即使楼梯被火焰封住了，在别无出路时，也可用湿棉被等物作掩护及早迅速冲出去。如果楼梯确已被火烧断，似乎身临绝境，也应冷静地想一想，是否还有别的楼梯可走，是否可以从屋顶或阳台上转移，是否可以借用水管、竹竿或绳子等滑下来，可不可以进行逐级跳越而下等等。只要多动脑筋，一般还是可以解救的。

如果有小孩、老人、病人等被围困在楼上，更应及早抢救。用绳子或将撕裂成条的被单结起，将一头置于阳台、屋顶上等，使小孩、老人、病人沿绳子滑下，争取尽快脱险。

如果楼层高，其他出路被封堵，应退到室内，关闭通往着火区的门、窗，有条件的可使用湿布料、毛巾等，封堵着火区方向的门窗，并用水不断地浇湿。同时靠近没有火的一方的门、窗呼救，夜里可用手电筒、白布摆动发出求救信号，等待救护人员的解救。

如果其他方法都无效，火势又快速逼近时，也不要仓促跳楼，有可能的话，先在门窗等牢固处拴上绳子，没有绳子的可撕开被单、床单等连接起来，然后顺着绳子或布条往下滑。需要跳楼时，可先往地下抛棉被、床褥、海绵垫等物，然后手拉件窗台往下滑。

由此可知，我们在出逃时一定要遵循以下原则：

保持头脑清醒。火灾发生时，能够冷静地面对是得以成功逃生的前提。

逃生时应尽量利用建筑物内的防烟楼梯间、封闭楼梯间、有外窗的通廊、避难层和室内设置的缓降器、救生袋、安全绳等设施，对老、弱、病、孕妇、儿童及不熟悉环境的人要引导疏散，互相帮助，共同逃生。

　　楼梯等安全通道都配有应急指示灯作标志，火灾发生时，人们可以循着指示灯逃生。对于专门设有避难层的高层建筑，如果无法逃离大楼，可以暂时呆在避难层等待援助。

　　千万不可钻到床底下、衣橱内、阁楼上躲避火焰或烟雾。因为这些都是火灾现场中最危险的地方，而且又不易被消防人员发觉，难以获得及时的营救。

　　在得不到及时救援，又身居高层的情况下切不可盲目跳楼，可用房间内的床单、被里、窗帘等织物撕成能负重的布条连成绳索，系在窗户或阳台的构件上滑向楼下，也可利用门窗、阳台、排水管等逃生自救。

　　还要学会使用求救信号。除了拨打手机之外，也可从阳台或临街的窗户向外发出呼救信号，比如向楼下抛扔沙发垫、枕头和衣物等软体信号物。夜间则可用打开手电、应急照明灯等方式发出求救信号，以此引起救助人员的注意。

另外，每个人要对自己工作、学习或生活的建筑物的结构及逃生路径做到轻车熟路，熟悉建筑物内的消防设施及自救逃生的方法。这样，火灾发生时，就不会觉得走投无路了。

6.公共聚众场所火灾的逃生方法

公众聚集场所的火灾特点从以往案例可以看出，火灾中多数死亡人员是因不懂疏散逃生知识，选择了错误逃生方法或者错过逃生时机而造成的。因此，要了解一些基本的逃生方法。

保持良好的心态是发生火灾时逃生的前提。若能临危不乱，先观察火势，再决定逃生方式，运用学到的避险常识和人类的聪明才智就会化险为夷，把灾难损失降到最低限度。

每进入一个公众聚集场所时，应首先观察和熟悉疏散通道和安全出口的位置。发生火灾时，不要惊慌失措，应及时向疏散通道和安全出口方向逃生，疏散时要听从工作人员的疏导和指挥，分流疏散，避免争先无序，朝一个出口拥挤，堵塞出口。盲目逃生，往往欲速则不达。

在出逃时还要学会利用现场一切可以利用的物资逃生，要学会随机应变，如将毛巾、口罩用水浇湿当成防烟工具捂住口、鼻；把被褥、窗帘用水浇湿后，堵住门口，阻止火势蔓延；利用绳索或用布匹、床单、地毯、窗帘结绳自救。

在无路可逃的情况下，应积极寻找避难处所。如到阳台、楼层平顶等待救援；选择火势、烟雾难以蔓延的房间，如厕所、保安室等；关好门窗，堵塞间隙，房间如有水源要立即将门窗和各种可燃物浇湿，以阻止或减缓火势和烟雾的蔓延速度。无论白天或者夜晚，被困者都应大声呼救，不断发出各种呼救信号以引起救援人员的注意，帮助自己脱离险境。1994年12月8日新疆克拉玛依市友谊剧场天幕起火，大厅断电，疏散逃生无组织无秩序，局势混乱，人员拥挤，造成325人葬身火海。出人意料的是，有2名10岁的小学生，发生火灾时躲进厕所里，最后被人救出，幸免于难。

由于许多公众聚集场所在装修过程中使用大量的海绵、泡沫塑料板、

纤维等装饰物，火灾发生后，会产生大量有毒气体。因此逃生时要防止毒气中毒。在逃生过程中应用水浇湿毛巾或衣服捂住口鼻，采用低姿行走，以减小烟气的伤害。

社会不断进步的今天，公众聚集的场所越来越多，除了了解前面提到的公众聚集场所的逃生方法外，对于具体的公众场所还要区别对待，全面掌握逃生策略。

7.宾馆旅店火灾的逃生方法

随着人们生活水平的提高，外出旅游已成为现代都市人的一大时尚。旅行期间住宾馆酒店是免不了的事，要想平平安安地度过出行的那几天，住宾馆酒店时重视消防安全是不容忽视的。因为旅途劳顿，晚上休息时睡得比较沉，万一发生火灾大都措手不及。其实，大多数上等级的宾馆酒店都有一些与消防安全有关的设计，这些设计都是为应急时所设置的。

熟悉它们的位置、用途和功能，在紧急情况下将能助你一臂之力。

当你进住宾馆酒店后，第一件要做的事是浏览一下住宿指南或客房电话簿，通常住宿指南上都印有常用的电话号码和宾馆酒店内部的应急电话号码，熟悉这些号码绝非多余，万一发生火灾或其他紧急情况，只要通过电话就能实现与消防控制室或总台的通话，不至于束手无策；第二件要做的事是必须留心一下客房内外灭火装置的设置情况，诸如灭火器的摆放位置，消火栓和自动喷淋装置等，室内消火栓是宾馆酒店建设中不可缺少的重要灭火设施。熟悉它的位置、掌握它的使用方法，可在扑灭初起火灾时发挥重要作用。

据统计，在楼房初起火灾扑救中，消火栓的使用率达85%以上。一般在每个防火分区或每层楼的楼梯出口处有一个比较醒目的红色盒样装置，它便是火灾报警装置，分手动和自动控制方式两种。发生火灾后，手动或自动启动该装置，便可以迅速告知消防控制室某方位起火或可以直接启动消防泵，实现区域喷淋灭火。看懂安全通道示意图，掌握应急疏散指示牌。只要你稍留心一下便会发现，在居住的房间门背后，都贴有一张印有

本楼层平面图的图纸，即所谓的逃生路线图。在这张图纸上，对本房间的位置和房号都清晰地作出标志，同时有一个箭头（通常是红色）自房间的位置沿走廊指向最近的疏散部位。逃生路线图是客房设计中必备的，它虽不起眼，但在发生火灾等意外事件的时候，熟悉它的人会比较容易找到逃生线路。因为危急关头，人们往往冷静不下来，如根本没有看过图，就很难找到逃生线路。

因此，入住宾馆酒店后千万不要忘了看懂安全通道示意图。应急疏散指示牌是镶嵌在墙壁上的画着人奔跑样式的绿色长方形指示牌。在夜间或照明电源被切断的情况下，这些接有应急照明的绿牌子会显得异常明亮，能够在关键时刻引导人们以最便捷的路线找到出口。通常，在公共场所的门上方，都有一块这样的显示牌，它表明应从这里出去；而在走廊里，这样的显示牌又设置在墙的下方。这是因为发生火灾时，为了防止有毒气体和烟雾的侵袭，要求人们应该俯身或匍匐前进逃离现场，指示牌位于距地面一米以下的地方便于人们随时都能看到。应准备些应急逃生工具，并学会应急逃生的方法。旅行时不妨带一把小剪刀和一把微型手电筒，一旦遇上火灾，可用剪刀将床单或窗帘剪成能承受一定重量的布条来代替绳索逃离火灾区，微型手电筒可在没有照明的情况下发挥照明和报警等特殊作用。至于应急逃生的方法有很多种，这里介绍几种常用的逃生方法。

（1）利用门窗逃生

大多数人在火场受困时都采用这个办法：利用门窗逃生的前提条件是火势不大、受困者较熟悉燃烧区内的通道。具体逃生方法是把被子、毛毯或褥子用水淋湿裹住身体上身冲出受困区或者将绳索或代替绳索的布条一端系于窗户的横框或室内其他固定构件上，另一端系于逃生者两腋和腹部，将其沿窗放至地面或下层窗口。

（2）利用时间差逃生

在火势封闭了通道时，可利用时间差逃生。具体方法是，紧急疏散至离火势最远的房间内，在室内准备被子、毛毯等，将其淋湿，采取利用门窗逃生的方法，逃出起火楼层。

（3）利用管道逃生

房间外墙壁上有落水或供水管道时，有能力的人可以利用管道逃生，这种方法一般不适用于妇女、老人和小孩。

（4）利用空间逃生

在室内空间较大而火灾占地不大时可利用这个方法，其具体做法是，将室内的可燃物清除干净，同时清除与此室相连的部分可燃物，清除明火对门窗的威胁，然后紧闭与燃烧区相通的门窗，有条件时可用水浸湿门窗，降低温度，同时防止烟雾和有毒气体进入，等待火势熄灭或消防人员的救援。

不管采用何种逃生方法，值得注意的是在火场中或有烟雾的室内行走应尽量低身降低高度前进，防止有害气体引起窒息；在逃生途中应尽量减少所携带物品的体积和重量；要正确估计火势的发展和蔓延趋势，不可盲

目采取行动；切忌侥幸心理，先要考虑安全及可行性后方可采取措施；逃生、报警、呼救要同时进行，不能只顾逃生而不顾报警与呼救。

8.歌舞厅、卡拉OK厅火灾的逃生方法

在歌舞厅、卡拉OK厅逐渐成为人们娱乐的场所后，这里也成了人口密集的场所，就会比较容易发生火灾。

发生火灾后，也要尽快出逃。和其他场所出逃一样，逃生时必须冷静。由于歌舞厅、卡拉OK厅一般都在晚上营业，并且进出顾客随意性大、密度很高，加上灯光暗淡，失火时容易造成人员拥挤，在混乱中发生挤伤踩伤事故。因此，只有保持清醒的头脑，明辨安全出口方向和采取一些紧急避难措施，才能掌握主动，减少人员伤亡。

一旦发生火灾后，要积极寻找多种逃生方法。首先应该想到通过安全出口迅速逃生。特别要提醒的是：由于大多数舞厅一般只有一个安全出口，在逃生的过程中，一旦人们蜂拥而出，极易造成安全出口的堵塞，使人员无法顺利通过而滞留火场，这时就应该克服盲目从众心理，果断放弃从安全出口逃生的想法，选择破窗而出的逃生措施，对设在楼层底层的歌舞厅、卡拉OK厅可直接从窗口跳出。对于设在二层至三层的歌舞厅、卡拉OK厅，可用手抓住窗台往下滑，以尽量缩小高度，且让双脚先着地。设在高层楼房中的歌舞厅、卡拉OK厅发生火灾时，首先应选择疏散通道和疏散楼梯、屋顶和阳台逃生。一旦上述逃生之路被火焰和浓烟封住时，应该选择下水管道和窗户进行逃生。通过窗户逃生时，必须用窗帘或地毯等卷成长条，制成安全绳，用于滑绳自救，绝对不能急于跳楼，以免发生不必要的伤亡。

设在高层建筑中的歌舞厅、卡拉OK厅发生火灾，且逃生通道被大火和浓烟堵截，又一时找不到辅助救生设施时，被困人员只有暂时逃向火势较轻的地方，向窗外发出求援信号，等待消防人员营救。

在逃生过程中还要学会互相救助。在歌舞厅、卡拉OK厅等娱乐场所进行娱乐活动的青年人比较多，他们身体素质好，可以互相救助脱离火场，或帮助长者逃生。

同时，在逃生过程中还要防止中毒。由于歌舞厅、卡拉OK厅四壁和

顶部有大量的塑料、纤维等装饰物，一旦发生火灾，将会产生有毒气体。因此，在逃生过程中，应尽量避免大声呼喊，防止烟雾进入口腔。应采取用水打湿衣服捂住口腔和鼻孔，一时找不到水时，可用饮料来打湿衣服代替，并采用低姿行走或匍匐爬行，以减少烟气对人体的伤害。

9.影剧院和大型礼堂火灾的逃生方法

影剧院和大型礼堂都属于人员密集场所，其结构、功能相差不大，其逃生方法也比较类似。

影剧院和大型礼堂的主体建筑一般由舞台、观众厅、放映厅三大部分组成。随着我国经济的发展和建筑技术的进步，我国有些影剧院和大型

礼堂的功能和结构逐渐向复杂化方向发展。影剧院、大型礼堂内可燃物较多，如座椅、幕布、各种舞台用设备等。内部空间高、跨距大，演出和集会时人员高度集中。影剧院如果发生火灾，由于空气流通，各部位相连，火势会发展迅速，燃烧也相对猛烈。所以，发生火灾后，观众应利用消防疏散通道的门灯、壁灯、脚灯等应急照明设备，按照"太平门""非常出口""紧急出口"等指示标志的指引方向，迅速选择人流较小的通道逃生。

在进入影剧大行礼堂后，首要的就是熟悉环境，观察出口。影剧院、大型礼堂的结构不像商场那样复杂，其疏散出口一般都比较明显。所以，进入影剧院、大型礼堂观看节目的人们很容易在自己的座位上就能看到，同时，更应该注意的就是对比较靠近你的座位的出口进行检查。因为在一般情况下，为了便于管理，有的影剧院、礼堂会把部分出口上锁。从里面看是出口，可实际上并不能当出口使用，因为有铁将军把门。一旦发生火灾等紧急情况，人们涌向上锁的出口，那会耽误宝贵的逃生时间，甚至导致群死群伤事故。所以，看节目时尽量选择靠近出口的座位，坐下后观察周围，找到靠近自己位置的出口，并对其进行检查。如果发现有上锁现象，观众有权要求工作人员将门打开，这是对自己的生命负责，也是对他人的生命负责。

影剧院内最容易发生火灾的部位是舞台，舞台上摆放着各种各样的电气设备，灯光、音响、舞台烟雾等，把整个舞台装点得十分漂亮。然而，这美丽的背后却蕴藏着很大的危险性。所以，观众们在尽情欣赏节目的同时，还应保持警惕，不要把真火真烟错当成增加舞台效果的手段。2002年7月20日，秘鲁首都利马乌托邦夜总会发生火灾，造成30人死亡、100人受伤。当日下午3时许，夜总会表演口喷火焰时，男招待将燃烧物体喷到空中，燃烧物体将夜总会的窗帘、天花板点燃，观众们不明真相，以为这也是表演的一部分。火灾蔓延之后，人们还在不停地喊"不要跑，不要跑"。当火灾引燃观众席并释放大量黑烟时，拥挤的人群才出现慌乱，开始不择手段地逃跑，致使不少人被踩死或踩伤。

影剧院、大型礼堂的消防工作重在防火，还要注意防烟。这是因为影剧院、大型礼堂空间高，跨度大，蓄烟量大，所以，烟气下降到危险高度的速度较慢。但如果舞台起火，其蔓延速度很快，也会产生大量的烟气，并且其蔓延方向就是观众厅，直接威胁着观众们的生命安全。因此，发生火灾时，观众们应尽快向放映厅方向疏散，使自己远离火灾，避免被烧伤，同时也要注意防烟。如果在疏散过程中发现烟气层下降，就应采用随身携带的东西，如手帕、口罩、纸巾或者脱下衣服捂住口鼻，避免有毒气体进入呼吸道。

影剧院、大型礼堂在有演出时人员密度极大，如果发生火灾，很多人同时涌向某个出口，极易造成出口堵塞。所以，此时特别要保持冷静，不要惊慌，不要拥挤，你推我挤只能使疏散速度更慢，有序疏散反而会使更多的人得以逃生。

如果观众厅发生火灾，其蔓延方向是舞台和放映厅，这时在逃生时要审时度势，具体情况具体判断，总的原则是往远离火源或者与火灾蔓延相反的方向逃生。如果火源靠近放映厅，那么就可以向舞台方向靠近，利用观众厅前面的出口进行疏散，尽量不要爬上舞台进行逃生。如果火源靠近舞台，那就更不能爬上舞台。因为舞台上可燃物集中，并且都是电气设备，舞台两侧的出口也较小，不利于快速逃生，最好的方法是往放映厅方向疏散，等候时机逃生。

此外，楼上的观众可从疏散门由楼梯向外疏散，楼梯如果被烟气阻断，可以根据火情、火势，做好防护后从浓烟中冲出去或者就地取材，利用窗帘布等自制救生器材，开辟疏散通道，积极自救。

10.大型体育场馆火灾的逃生方法

大型体育场馆同样属于人员高度密集场所，虽然其内部结构与其他人员密集场所有所不同，但其逃生方法与其他人员密集场所也有相似之处。

进入体育场馆后，首要的任务就是记住出口位置。大型体育场馆内结构比较复杂，容易出现"迷路"问题。所以，在进入体育场的时候，应记住进来时通过的入口，并在找到自己的座位后，再前去寻找离自己座位比

较近的出口位置以及与你所在位置的相对方向。这样在发生火灾时，即使有烟气挡住视线，也能根据大体方向找到出口。

与在影剧院、礼堂观看一样，在体育场馆观看时要时刻警惕火灾的发生。体育比赛一般都比较紧张，观众们看得投入，往往会忽略一些不正常现象的发生。比如，1985年，发生在英国英格兰布拉德福体育场的火灾，造成56人死亡，多人受伤。当时就有很多观众明明知道发生了火灾，但还坐在那里继续观看球赛，等意识到非疏散不可的时候，已经错过了最佳逃生时间，酿成惨剧。所以，在尽情观看比赛的同时，也不要忘了时刻注意安全。如果发现有不明的烟气或者火光出现，应立即设法逃生，千万不要对其置之不理。

人员密集场所发生火灾，最大的忌讳就是惊慌失措，你推我挤或者狂呼乱叫。这样只能增加自己和他人的心理负担，不利于疏散的顺利进行，并且还可能吸入大量有毒气体，导致中毒。体育看台多数是阶梯状的，如果互相拥挤，可能会造成踩伤、踩死等意外事故。所以，应在发现火灾之后，立即离开座位，寻找最近出口设法逃生。

　　在逃往出口时，人们可能会一齐拥到疏散出口，造成疏散出口堵塞。所以，在选择疏散出口时，应先判断绝大部分人流可能会聚集到哪个出口，然后再根据火情、烟气情况，选择人员较少的出口进行疏散。不要盲目跟随他人一窝蜂似的拥上去，那样可能会被踩伤或者因人多而来不及疏散，导致受伤或死亡。

　　同样，在大型体育场馆里也要注意防烟。场馆空间高度较高，蓄烟量较大。但靠近顶层的座位可能很快就会被烟气淹没，所以，位于这些位置的观众应特别注意防烟。在火灾发生后，应立即采取必要的防烟措施并马上离开座位进行逃生，同时，位于较下层的观众也不要忽略防烟问题，在烟气还没有下降到威胁生命之前就应准备好防烟物品，并做好防烟准备，如将汽水、矿泉水等饮料倒在随身携带的手帕、纸巾或者衣服上，以备必要之需。

　　一旦疏散到室外，切忌重返火场，这是所有火场逃生都必须做到的。

这里再次强调是因为体育馆火灾比较特殊，这里人员高度密集，逃生比较困难、拥挤，重返者要"逆流而上"，不仅会阻碍他人的正常疏散，而且使本来就拥挤的通道更加让人难以忍受。另外，重返者很可能还没有"返"回去就被火焰和烟气夺走了生命。所以，如果发现自己的亲人或者朋友还在里面，聪明的做法是请求消防队员帮助挽救，而不是自己冲进去，救不了亲人，还把自己的命搭进去。

体育场馆内部结构复杂多变，不同场馆内部的设施配置、结构等也不一样。所以，具体情况应该具体对待，应根据当时火灾的位置、大小和烟气情况，灵活运用上面介绍的方法。

11.地下建筑火灾的逃生方法

在现代化社会里，一些地下建筑发生火灾的情况也逐渐多起来。

所谓地下建筑是指建筑在地下的军事、工业、交通和民用建筑物。尤其是现在，有许多人防工程被开发利用，成为商场、旅店、车库等，远远超过了它原有的设计使用范围。由于地下建筑结构复杂，人员高度集中，以至于发生火灾时，常常不知所措。因此，必须掌握地下建筑的基本结构及其火灾规律，以便于紧急情况下顺利逃生。

在进入地下建筑之时，一定要先查看清楚地下布局简图(一般入口处都有)，记住安全出口及避难指示等，只有熟悉了周围的环境，才能做到

临危不乱。

发生火灾时。应该立即用浸湿的毛巾或手帕、衣物等捂在鼻子和嘴上，以免被浓烟侵袭中毒窒息，同时要尽快回到地面上，这是逃离火灾的最好办法。

如果火势太猛，地下场所又不能自然排烟，所以很快就会被浓烟包围而无法看清出口处，这时应冷静地观察烟气流动的方向，顺着同一方向，沿着墙壁，边移动边寻找出口，因为烟气总是朝出口处流动的。

如果地下是多层建筑，而上一层发生火灾无法通行时，应该利用地下通道迅速绕到附近建筑而到达地面。

不能在火灾现场四处乱跑乱撞，如果有疏散指挥人员，一定要听从疏散指导，以便尽快脱离危险地区。

12.山林火灾的逃生方法

随着夏季的到来，有很多朋友喜欢到各地的名山大川旅游避暑，掌握一定的森林火灾常识和技能对于保全生命财产安全是非常有必要和有益的，同时这对于提高当地的森林消防安全也有着积极的促进作用。在森林中一旦遭遇火灾，应当尽力保持镇静，就地取材，尽快作好自我防护，可以采取以下防护措施和逃生技能，以求安全迅速自救。

我们知道在森林火灾中对人身造成的伤害主要来自高温、浓烟和一氧化碳，这些伤害容易造成热烤中暑、烧伤、窒息或中毒，尤其是一氧化碳具有潜伏性，会降低人的精神敏锐性，中毒后不容易被察觉。因此，一旦发现自己身处森林着火区域，应当使用沾湿的毛巾遮住口鼻。附近有水的话最好把身上的衣服浸湿，这样就多了一层保护。然后要判明火势大小、火苗延烧的方向，应当逆风逃生，切不可顺风逃生。

在森林中遭遇火灾时一定要密切关注风向的变化，因为这说明了大火的蔓延方向，这也决定了你逃生的方向是否正确。实践表明现场刮起5级以上的大风，火灾就会失控。如果突然感觉到无风的时候更不能麻痹大意，这时往往意味着风向将会发生变化或者逆转，一旦逃避不及，容易造成伤亡。

当烟尘袭来时，用湿毛巾或衣服捂住口鼻迅速躲避。躲避不及时，应选择附近没有可燃物的平地卧地避烟。千万不要选择低洼地或坑、洞，因为低洼地和坑、洞容易沉积烟尘。

如果被大火包围在半山腰时，要快速向山下跑，切忌往山上跑，通常火势向上蔓延的速度要比人跑得快得多，火头会跑到你的前面。

一旦大火扑来的时候，如果你处在下风向，要做决死的拼搏，果断地迎风对火突破包围圈，切忌顺风撤离。如果时间允许可以主动点火烧掉周围的可燃物，当烧出一片空地后，迅速进入空地卧倒避难。

顺利地脱离火灾现场之后，还要注意在灾害现场附近休息的时候要防止蚊虫或者蛇、野兽、毒蜂的侵袭。集体或者结伴旅游的朋友应当相互查看一下大家是否都在，如果有掉队的应当及时向当地灭火救灾人员求援。

如果朋友们喜欢到大自然中去享受绿色，也不要忘了大自然也有发脾气的时候。掌握一定的自救常识和基本技能，会让你的旅程有惊无险。最后提醒大家乘车路经山区或林区的时候一定不要向车外扔烟头，一定要遵守禁止使用明火的要求。

13.交通工具火灾的逃生方法

我们已经了解了一些交通工具方面火灾的预防措施，然而，火灾并不是百分百可以避免的，仍然会在我们不经意的时候发生。因此，掌握一些交通工具的逃生方法对于我们的出行将会非常的有用。

（1）飞机火灾逃生方法

随着航空技术的不断进步，飞机逐渐成为一种快速、安全、可靠、经济、舒适、便捷的现代交通运输工具。但是由于它的技术含量高、结构复杂，一个极其微小的疏忽和失误，都可能酿成重大火灾，导致机毁人亡。因此，熟悉和掌握飞机逃生的方法，与了解其他场所逃生方法一样重要，只有熟知飞机发生意外事故的应对方法，才能使乘客的飞行平平稳稳、安安全全。

飞行安全不仅仅是航空公司、机组人员的责任，也是所有搭乘飞机旅客的心愿。乘客应该牢记下列注意事项，以便在火灾事故发生时发挥作用，从而降低事故伤亡概率，防止不必要的意外发生。

起飞前应该仔细阅读安全须知并认真观看录像或乘务人员的演示，切不要因自己经常乘坐飞机而忽视这些环节，或者因希望平安到达而不愿去想不吉利的事情，反而带来遗憾。

由于不同机型的布局不同，安全出口的位置也有所不同。乘客上了飞机之后，应该观察一下周围环境，找到与自己座位最近的一个紧急出口。还要学会紧急出口的开启方法(一般机舱门上会有说明)，以便飞机万一失事，在浓烟中能够找到出口，并顺利把门打开。就座后，应立即系好安全带。

当意外发生时，机上乘客应该保持镇定、不要慌张，一定要听从乘务人员的指示。将座椅靠背恢复到竖直状态，保证后排乘客的逃生通道畅通。收回小桌板，保证自己这一排的逃生通道畅通。还要打开遮阳板，这样不仅可以保持良好的视线，还可以确保乘客及时了解事故的发展，以便

根据机外的情形，决定自己的逃生方向。要及时摘下眼镜、项链、戒指、假牙及口袋里的尖锐物品，手机、钢笔等也应该拿出来，这样可以避免逃生时发生不必要的意外事故。

座舱在失压的情况下，安全面罩会自动落到乘客面前。它的正确使用方法是，将面罩拉下，罩住嘴部和鼻子，然后将两端的绳子套在头上即可。在帮助随行小孩或他人之前，应先将自己的面罩戴好。

紧急疏散时，要等到飞机完全停稳，引擎熄灭，服务人员发出解开安全带的口令时，方能解开安全带，并立即依照箭头指示的路线跑到紧急出口。在出逃时一定不要慌张，迅速离开座位，不要携带任何东西。

最早抵达应急出口的乘客，在机舱门尚未打开、充气滑梯充气尚未完毕之前，应协助服务人员暂时拦住乘客向前拥挤，避免发生意外伤亡事故，同时在滑梯旁边协助乘客进行疏散。逃离飞机时，应尽量远离飞机，而且应尽量聚集在一起。

国际上统称的"可怕的13分钟"是指飞机起飞后的6分钟和着陆时的7分钟内。据统计，我国有65%的事故发生在这13分钟之内，因此乘坐飞

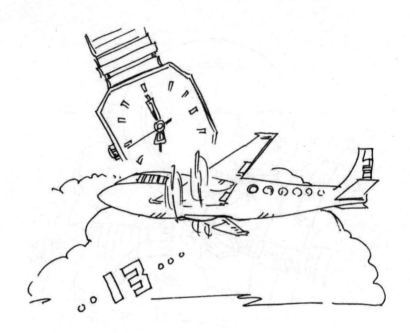

机必须按照要求，起飞和降落之前要系好安全带。当空中发生火灾等事故时，应聆听并遵从机组人员的指示，采取应急措施。一般飞机的逃生情形有两种：一种是陆上逃生，一种是水上逃生。不管采用哪种方式，要脱离危险的机舱就必须通过逃生滑梯。如果是水上迫降，则需穿着救生衣(飞机坐垫可以当作救生漂浮工具使用，滑梯可以当作救生筏使用)。在做好准备后，只需按照服务人员的指示或者示范跳下滑梯逃生即可。如果机舱内发生火灾，乘客要听从指挥，尽量蹲下，使自己的头部处于较低的位置，屏住呼吸，或者用湿毛巾、口罩等堵住口鼻，防止中毒。

（2）客船火灾逃生方法

客船火灾不同于空中火灾，因此，逃生方法也有所不同。客船发生火灾时，应该根据当时的具体情况，选择适当的逃生方法，不应盲目地跟从他人乱跑乱撞，更不该一味等待他人的救援，要积极地利用客船内部设施进行自救和互救，以免贻误逃生时间。

登船后，首先应该了解救生衣、救生艇、救生筏等救生用具存放的位置，熟悉自己周围的环境，牢记客船的各个通道、出入口以及通往甲板的最近路径，以便在发生意外情况时能够辨别方向，利用最近的路径迅速撤离。客船发生火灾时，一是利用客船内部设施逃生，如利用内梯道、外梯道和舷梯逃生；二是利用逃生孔逃生；三是利用救生艇和其他救生器材逃生；四是利用缆绳逃生。一定要走捷径，争取在最短的时间内脱离险境，切勿只将登船路径作为唯一的逃生出路。

如果航行时，客船的机舱起火，机舱内的人员应尽快利用尾舱通往甲板的出入孔逃生。乘客应在工作人员的引导下向客船的前部、尾部和露天甲板疏散。如果火势蔓延，人员无法在船上躲避时，可利用救生绳、救生梯撤离到救援船上，或者穿上救生衣跳进水中逃生。但在跳船时，应选择落差较小的位置，避开水面上的漂浮物。一般情况下，应从船的上风舷跳下，若船体已经倾斜，则应从船头或者船尾跳下。

当客船前部某一层着火，还未延烧到机舱时，应采取紧急靠岸或自行搁浅措施，让船体处于相对稳定状态。被火围困人员应迅速往主甲板、露天甲板疏散，然后，借助救生器材向水中和来救援的船上及岸上逃生。

当客船上某一客舱着火时，舱内人员在逃出后应随手将舱门关上，以防火势蔓延，并提醒相邻客舱内的旅客赶快疏散。若火势已窜出封住内走道时，相邻房间的旅客应关闭靠内走廊房门，从通向左右船舷的舱门逃生。

当船上大火将直通露天的梯道封锁，致使着火层以上楼层的人员无法向下疏散时，被困人员可以疏散到顶层，然后向下施放绳缆，沿绳缆向下逃生。

如果烟火已经封死了内走道，未及时逃生的乘客应该关闭房门，利用室内床单、衣服等物品隔绝烟气的侵入，延长逃生时间。相邻房间的乘客应关闭内走廊的房门，向左右船舷的舱门方向疏散。当大火封锁了通向露天的梯道时，着火层以上的人员应尽快撤离到顶层，然后借助缆绳向下逃生。总而言之，具体的逃生方法应依据当时客观条件而定，这样，才能避免和减少不应有的伤亡。

（3）旅客列车火灾逃生方法

火车的便捷取得了大多数人的信赖，人们在火车上遭遇火灾的机会也就相应多了起来。同遇到其他事故一样，遇到火车发生火灾后，首先要沉着、冷静，慌乱会导致失误、不知所措。由于火车发生火灾后，易造成人员伤亡，并且会形成一条火龙，造成前后左右迅速蔓延，同时也会产生有毒气体。根据这些特点，我们可以采取相应的逃生方法。

要学会利用车厢前后门逃生。旅客列车每节车厢内都有一条长约20米，宽约80厘米的人行通道，车厢两头有通往相邻车厢的手动门或自动门，当某一节车厢内发生火灾时，这些通道是被困人员利用的主要逃生通道。要迅速到车厢两头的连接处，那里有链式制动手柄，要顺时针用力旋转，使列车停车；或者到车厢两头的车门后侧，此处设有紧急制动手柄，向下用力摇动，也能达到迅速停车的目的。这样才能利用车厢两头的通道，有秩序地逃离火灾现场。在条件允许的情况下，要尽量顺列车运行的方向撤离，因为通常情况下列车在运行中，火是向后部车厢蔓延，火势越大蔓延越快。当起火车厢的旅客撤离完毕时，应迅速关闭该车厢两头的车门，这样可以有效地控制火势蔓延，使旅客能有更充足的时间撤离，或是采取措施进行补救。

还可以利用火车的每个窗户进行逃生。旅客列车车厢内的窗户一般为70厘米×60厘米，装有双层玻璃。在发生火灾情况下，被困人员可用坚硬

的物品将窗户的玻璃砸破，通过窗户逃离火灾现场。

列车运行时，在时间允许的情况下，要立即关闭车窗，因为列车在运行中的风量相当大，因此火灾发生时，千万不要开窗，而应立即关闭车窗。

当起火车厢内的火势不大时，乘客不要开启车厢门窗，以免大量的新鲜空气进入后，加速火灾的扩大蔓延。同时，组织乘客利用列车上灭火器材扑救，还要有秩序地引导被困人员从车厢的前后门疏散到相邻的车厢。

当车厢内浓烟弥漫时，要告诉被困人员采取低姿行走的方式逃离到车厢外或相邻车厢。

（4）短途交通工具火灾逃生方法

对于短途的交通工具汽车来说，其发生火灾的可能性比较多，因此我们也必须了解一些相关的逃生方法。

　　汽车发生火灾的地点不固定性较大，对于不同原因造成的火灾要区别对待。当汽车发动机发生火灾时，驾驶员应迅速停车。让乘车人员打开车门自己下车，然后切断电源，取下随车灭火器，对准着火部位的火焰正面猛喷，扑灭火焰。

　　发现汽车车厢货物发生火灾时，驾驶员应将汽车驶离重点要害部位(或人员集中场所)停下，并迅速向消防队报警。同时，驾驶员应及时取下随车灭火器扑救火灾。当火一时扑灭不了时，应劝围观群众远离现场，以免发生爆炸事故，造成无辜群众伤亡，使灾害扩大。

　　当汽车在加油过程中发生火灾时，驾驶员不要惊慌，要立即停止加油，迅速将车开出加油站(库)，用随车灭火器或加油站的灭火器以及衣服等将油箱上的火焰扑灭。如果地面有流散的燃料时，应用库区灭火器或沙土将地面火扑灭。

当汽车在修理中发生火灾时，修理人员应迅速上车或钻出地沟，迅速切断电源，用灭火器或其他灭火器材扑灭火焰。

当汽车被撞后发生火灾，由于车辆零部件损坏，乘车人员伤亡比较严重，首要任务是设法救人。如果车门没有损坏，应打开车门让乘车人员逃出，以上两种方法也可同时进行。同时驾驶员可利用扩张器、切割器、千斤顶、消防斧等工具配合消防队救人灭火。

当停车场发生火灾时，一般应视着火车辆位置，采取扑救措施和疏散措施。如果着火汽车在停车场中间，应在扑救火灾的同时，组织人员疏散周围停放的车辆。如果着火汽车在停车场的一边时，应在扑救火灾的同时，组织疏散与着火汽车相邻的车辆。当公共汽车发生火灾时，由于车上人多，要冷静果断，首先应考虑到救人和报警，视着火的具体部位而确定逃生和扑救的方法。

如着火部位在公共汽车的发动机，驾驶员应开启所有车门，让乘客从车门下车，再组织扑救火灾。如果着火部位在汽车中间，驾驶员开启车门后，乘客应从两头车门下车，驾驶员和乘车人员再扑救火灾控制火势。如果车上线路被烧坏，车门开启不了，乘客可从就近的窗户下车。如果火焰封住了车门，车窗因人多不易下去，可用衣物蒙住头从车门处冲出去。当驾驶员和乘车人员衣服被火烧着时，如时间允许，可以迅速脱下衣服，用脚将衣服的火踩灭；如果来不及，乘客之间可以用衣物拍打或用衣物覆盖火势来灭火，或就地打滚熄灭衣服上的火焰。

随着城市人口密度过大，交通负担过重，地铁在城市中建设得越来越多，因此掌握地铁火灾的逃生方法显得很重要。

地铁上发生火灾时，一定要及时报警。可以利用自己的手机拨打119，也可以按动地铁列车车厢内的紧急报警按钮。在两节车厢连接处，均贴有红底黄字的"报警开关"标志，箭头指向位置即是紧急报警按钮所在位置。将紧急报警按钮向上扳动即可通知地铁列车司机，以便司机及时采取相关措施进行处理。

要懂得利用车厢内的干粉灭火器进行扑火自救。干粉灭火器位于每节

车厢两个内侧车门的中间座位之下，上面贴有红色"灭火器"标志。乘客旋转拉手90度，开门取出灭火器。使用灭火器，先要拉出保险销，然后对准火源，最后将灭火器手柄压下，尽量将火扑灭在萌芽状态。

如果火势蔓延，扩张趋势明显，乘客无法进行灭火自救，这个时候应该保护自己，进行安全有序的逃生，将老、弱、妇、幼先行疏散至安全的车厢。如若扑救失败，应及时关闭车厢门，防止火势蔓延以赢取逃生时间。请记住，地铁列车站与站之间的平均到达时间为两分钟左右。

列车行驶至车站时，要听从车站工作人员统一指挥，沿着正确逃生方向进行疏散。如果火灾引起停电，则可按照应急灯的指示标志进行有序逃生，注意要朝背离火源的方向逃生。

如果着火列车在隧道内无法运行，需要在隧道内疏散乘客时，控制中心及司机会根据列车所在区间位置、火灾位置、风向等综合因素确定疏散方向，并迅速通知乘客，组织疏散。因此，这种情况下，乘客要密切留意列车上的广播，切不可慌乱，并要在司机的指引下沉着冷静、紧张有序地通过车头或车尾疏散门进入隧道，往临近车站撤离。在疏散过程中要注意脚下异物，严禁进入另一条隧道(地铁是双隧道)，与此同时，车站工作人员应前往事发地迎接乘客。

由于地铁里面客流量大，人员集中，一旦发生火灾，极易造成群死群伤。地铁列车的车座、顶棚及其他装饰材料大多数是可以燃烧的，也容易造成火势蔓延扩大；有些塑料、橡胶等新型材料燃烧时还会产生毒性气体，加上地下供氧不足，燃烧不完全，烟雾浓，发烟量大，同时地铁的出入口少，大量烟雾只能从一两个洞口向外涌，与地面空气对流速度慢，地下洞口的"吸风"效应使向外扩散的烟雾部分又被洞口卷吸回来，容易令人窒息。

此外，地铁内空间过大，有的火灾报警和自动喷淋等消防设施配置不完善，起火后地下电源可能会被自动切断，通风空调系统失效，失去了通风排烟作用。大量有毒烟雾和黑暗的环境也会给疏散和救援工作造成困难。所以，在抢险扑救时必须注意下面的事项。

在行驶中遇险勿砸窗跳车。在处理突发事件时，司机应尽可能将列车开到前方车站处理，通常只需1分半钟就可到下一车站。列车在运行期间，乘客千万不要采取拉门、砸窗、跳车等危险行动。

不要贪恋财物，不要因为顾及贵重物品，而浪费宝贵的逃生时间。尽可能寻找简易呼吸防护物，最简易的方法是用毛巾、口罩捂住鼻子(最好是湿的)。浓烟下采用低姿势撤离，贴近地面逃离是避免吸入烟气的最佳方法。视线不清时，手摸墙壁徐徐撤离。要听从工作人员指挥或广播指引，要注意迎着新鲜空气跑。

在地铁车站遇到火灾时，不可乘坐电梯或扶梯。身上着火千万不要奔跑，可就地打滚或用厚重的衣物压灭火苗。当然，不仅仅是在这些场所，我们生活的每一处环境都可能成为火灾的发生地，因此无论身处何地，遇到火灾后都要冷静对待，把握时机进行逃生。

（三）火场自救方法

结合上面"不同场所的逃生方法"，我们从另一个角度来总结一下自救方法：

1.借助工具进行自救

学会利用一些逃生工具进行自救。最简单的逃生工具莫过于湿毛巾。一块普通的毛巾，也许看来没有什么大用，但是一旦发生火灾，它的作用不可估量，给我们的出逃提供很多的便利条件，甚至可以因此扭转生机。

湿毛巾可以作为"空气呼吸器"。湿毛巾在火场中过滤烟雾的效果极佳。含水量在自重3倍以下的普通湿毛巾，如折叠8层，烟雾消除率可达60%；如折叠16层，则可达90%以上。

湿毛巾还可以做"简易灭火器"。液化气钢瓶口、胶管、灶具或煤气管道失控泄漏起火，可将湿毛巾盖住起火部位，然后关闭阀门，即可化险为夷；如遇小面积失火时，用湿毛巾覆盖火苗，便可窒息灭火。

湿毛巾也是"密封条"。当火场中无路可逃时，如有避难房间可躲避

烟雾威胁，为防止高温烟火从门窗缝或其他孔洞进入房间，可用湿毛巾或床单等物堵塞缝隙或孔洞，并不断向靠近烟火的门窗及遮挡物洒水降温，以延长门窗被烧穿的时间。

湿毛巾同样可以作为"救助信号"。被困在火场中的人员在窗口挥动颜色鲜艳的毛巾，可引起救援人员的注意。

湿毛巾同样可以作为"保护层"。在火场中搬运灼热的液化气钢瓶等物体时，为避免烫伤，可垫上一条湿毛巾再搬运；结绳自救时，为防止下滑过程中绳索摩擦发热灼伤手掌，在手掌上缠一条湿毛巾便可安然无恙。

可见，不管是什么工具，只要我们学会利用，都会对我们的逃生提供很多的便利。

2.火灾自救的方法

当大火降临时，在众多被火围困的人员中，有的人命赴黄泉，有的人跳楼造成终生残疾，也有人化险为夷，死里逃生。这虽然与起火时间、地点、火势大小、建筑物内消防设施等因素有关，但还要看被火围困的人员，在灾难临头时有没有自救逃生的本领。

（1）熟悉环境法

要了解和熟悉我们经常或临时所处建筑物的消防安全环境。对我们通常工作或居住的建筑物，事先可制订较为详细的火灾逃生自救计划，以

及进行必要的逃生训练和演练。对那些已经确定了的逃生出口、路线和方法，要让所有成员都将其熟悉掌握。必要时可以把确定的逃生出口和路线绘制成图，张贴在明显的位置，以便平时大家熟悉，一旦发生火灾，则可以按逃生计划顺利逃出火场。当人们外出，走进商场、宾馆、酒楼、歌舞厅等公共场所时，要留心看一看太平门、安全出口、灭火器的位置，以便遇到火灾时能及时疏散和灭火。只有警钟长鸣，养成习惯，才能处险不惊，临危不乱。

（2）迅速撤离法

逃生行动是争分夺秒的行动，一旦听到火灾警报或意识到自己可能被烟火包围，千万不要迟疑，要立即跑出房间，设法脱险，切不可延误逃生良机。

（3）毛巾保护法

火灾中产生的一氧化碳在空气中的含量超过1.28%时，即可导致人在1～3分钟内窒息死亡。同时，燃烧中产生的热空气被人吸入，会严重灼伤呼吸系统的软组织，严重的甚至可以导致人员窒息死亡。逃生的人员多数要经过充满浓烟的路线才能离开危险的区域。逃生时，可把毛巾浸湿，叠起来捂住口鼻，如果来不及把毛巾弄湿，用干毛巾也可以达到过滤烟气的效果。身边如没有毛巾，餐巾布、口罩、衣服也可以代替。要多叠几层，使滤烟面积增大，将口鼻捂严。穿越烟雾区时，即使感到呼吸困难，也不能将毛巾从口鼻上拿开。

（4）通道疏散法

楼房着火时，应根据火势情况，优先选用最便捷、最安全的通道和疏散设施，如疏散楼梯、消防电梯、室外疏散楼梯等。从浓烟弥漫的建筑物通道向外逃生，可向头部、身上浇些凉水，用湿衣服、湿床单、湿毛毯等将身体裹好，要低势行进或匍匐爬行，穿过险区。如无其他救生器材时，可考虑利用建筑的窗户、阳台、屋顶、避雷线、落水管等脱险。如1993年2月14日，唐山市林西南路百货大楼特大火灾，死80人，伤53人。而有位刘女士却死里逃生，着火时她正在三楼购物，混乱中她趴在地板上，顺着楼梯爬到二楼，从窗户跳出，得以幸存。

（5）低层跳离法

如果被火困在2层楼内，若无条件采取其他自救方法并得不到救助，在烟火威胁、万不得已的情况下，也可以跳楼逃生。但在跳楼之前，应先向地面扔些棉被、枕头、床垫、大衣等柔软物品，以便"软着陆"。然后用手扒住窗台，身体下垂，头上脚下，自然下滑，以缩小跳落高度，并使双脚首先落在柔软物上。如果被烟火围困在三层以上的高层内，千万不要急于跳楼，因为距地面太高，往下跳时容易造成重伤和死亡。只要有一线生机，就不要冒险跳楼。

（6）绳索滑行法

当各通道全部被浓烟烈火封锁时，可利用结实的绳子，或将窗帘、床单、被褥等撕成条，拧成绳，用水浸湿，然后将其拴在牢固的暖气管道、窗框、床架上，被困人员逐个顺绳索沿墙缓慢滑到地面或下到未着火的楼层而脱离险境。

（7）借助器材法

人们处在火灾中，生命危在旦夕，不到最后一刻，谁也不会放弃生命，一定要竭尽所能设法逃生。逃生和救人的器材设施种类较多，通常使用的有缓降器、救生袋、救生网、救生气垫、救生软梯、救生滑竿、救生滑台、导向绳、救生舷梯等等，如果能充分利用这些器材和设施，就可以在火海中成功自救逃生。

（8）暂时避难法

在无路可逃的情况下，应积极寻找暂时的避难处所，以保护自己，择机而逃。如果在综合性多功能大型建筑物内，可利用设在走廊末端以及卫生间附近的避难间，躲避烟火的危害。如果处在没有避难间的建筑里，被困人员应创造避难场所与烈火搏斗，求得生存。

首先，应关紧房间迎火的门窗，打开背火的门窗，但不要打碎玻璃，窗外有烟进来时，要赶紧把窗子关上。如门窗缝或其他孔洞有烟进来时，要用毛巾、床单等物品堵住，或挂上湿棉被、湿毛毯、湿床袋等难燃物

品，并不断向迎火的门窗及遮挡物上洒水，最后淋湿房间内一切可燃物，一直坚持到火熄灭。

其次，在被困时，要主动与外界联系，以便极早获救。如房间有电话、对讲机、手机，要及时报警。如没有这些通讯设备，白天可用各色的旗子或衣物摇晃，向外投掷物品，夜间可摇晃点着的打火机、划火柴、打开电灯、手电向外报警求援，直到消防队来救助脱险或在能疏散的情况下择机逃生。在逃生过程中如果有可能应及时关闭防火门、防火卷帘门等防火分隔物，启动通风和排烟系统，以便赢得逃生的救援时机。

（9）标志引导法

在公共场所的墙面上、顶棚上、门顶处、转弯处，要设置"太平门""紧急出口""安全通道""火警电话"以及逃生方向箭头、事故照明灯等消防标志和事故照明标志。被困人员看到这些标志时，马上就可以确定自己的行为，按照标志指示的方向有秩序地撤离逃生，以解"燃眉之急"。

（10）利人利己法

在众多被困人员逃生过程中，极易出现拥挤、聚堆，甚至倾轧践踏的现象，造成通道堵塞和不必要的人员伤亡。相互拥挤、践踏，既不利于自己逃生，也不利于他人逃生。在逃生过程中如看见前面的人倒下去了，应立即扶起，对拥挤的人应给予疏导或选择其他疏散方法予以分流，减轻单一疏散通道的压力，竭尽全力保持疏散通道畅通，以最大限度减少人员伤亡。

3.巧将危机化险为夷

（1）身上着火的自救方法

在出逃时，由于我们所穿衣物非常易燃，身上很容易就会烧着，当身上着火时，千万不要慌张，大喊大叫更是徒劳，更不要东奔西跑或胡乱拍打。因为奔跑时形成的小风会使火烧得更旺，同时跑动还会把火种带到别处，引着周围的可燃物。胡乱拍打往往顾前顾不了后，在痛苦难熬中，一旦支持不住，就会造成严重烧伤，甚至丧失生命。

身上着火，一般总是先烧着衣服、帽子、裤子。所以，一旦不幸身上着火，首先应该设法脱掉衣帽；如果来不及脱掉，可以把衣服撕破扔掉。若连这都来不及做，可以在没有燃烧物的地方倒在地上打滚，将身上的火苗压灭；如有其他人在场，可用麻袋、毯子等把身上着火的人包裹起来，就能使火熄灭；或向着火人身上浇水，或帮着将烧着的衣服撕下来，但切记不可用灭火器直接向着了火的人身上喷射，以免其中的药剂引起烧伤者的伤口感染。

如果火场周围有水缸、水池、河沟，可以取水浇灭，最好不要直接跳入水中去，因为这样虽然可以减轻烧伤程度和面积，但对后来的烧伤治疗不利。同样，头发和脸部被烧时，不要用手胡拍乱打，这样会擦伤表皮，不利于治疗，应该用浸湿的毛巾或其他浸湿物去拍打。如果附近没有水源，可以立即躺在草地或平地上，身体来回滚动以压灭火焰。

对着火的衣服，最快捷的脱法是抓住衣服下摆往上剥脱。可以使用帽子、围巾、手套或一切手中可以利用的物品扑打着火的衣服。如果把物品经水浸湿后再扑打，效果会更好。或者用浸湿的被单或棉被等迅速包裹住身体，注意一定要包严，才能彻底灭火。现场的其他人员也可以用上述一些方法，帮助着火者灭火。身上的火扑灭后，不要急着脱下衣服。如烧伤严重，应立刻去医院让医生处理。

（2）不能走出房间的自救

如果遇到火灾，我们人在屋内，又没有办法离开房间逃生，那么首先要阻断明火和烟气的侵入。要关闭来火方向的门窗，打开背火方向的门窗，但是不能打碎门窗的玻璃，因为如果外面有烟气进来，还是需要关上窗户的，还要弄湿房间中的一切东西。如果是住在宾馆中，要打开浴室中的排风扇，把床单、毛巾弄湿后塞住门缝，用水将门、墙、地面弄湿、以降低温度。设法把门顶住，因为门外的热气流压力比较大，有可能将门顶开。如果火在窗外燃烧，就要扯下窗帘，移开一切易燃品，再向窗户上泼水。总之，要运用一切灭火常识与火搏斗，直到消防队员赶到。

同时还可以利用阳台或扒住窗台翻出窗外，避开烟火的熏烤。万一走廊、楼梯被大火封锁，房间里也已经浓烟滚滚，就可以到阳台暂避一时。一般来说，混凝土的阳台耐火等级高，依靠在阳台一角可以避开楼内冲出的烟、火和热气流。阳台在室外，空气流通，室内冒出的烟容易被风吹散。另外，在阳台也便于呼救。

阳台是一个很重要的逃生出口，可以称为逃生的中转站。特别是在住宅区内，住宅楼大多都建有阳台，有的还建有前后阳台。阳台的作用，夏天供人们纳凉消暑，冬天可沐浴阳光，清早起来可呼吸新鲜空气，闲暇时还可凭栏远眺。样式新颖，别致的阳台，还可起到点缀和美化建筑物外观的作用。爱好养花的人在阳台上种几盆花，还可为建筑物平添几分"姿色"。其实，阳台的作用还不止这些，它与消防也有密切的关系。从防火方面来讲，当位于下面一层房间起火，火焰从窗口蹿出往上蔓延的火势；当房门、楼梯或过道被浓烟烈火封锁、人被围困在房间里无法逃生时，人们只要攀缘阳台边的落水管就有望脱离险境。如果距邻居的阳台较近，可借助木板或竹竿等逃往邻居的阳台。能找到结实的绳索时，将绳系牢在阳台上，还可顺绳而下。即使自己无力逃生，躲避到阳台上的人，也可赢得一些时间来等待消防人员的救援。

　　从灭火方面来看，阳台不仅是消防人员向楼房燃烧区发起进攻的"战壕"，也是用来抢救生命、疏散物资的重要渠道。消防人员利用阳台做掩护，既便于进攻又便于撤退，而且还便于消防车云梯伸展到阳台上进行灭火和救生。

　　当然，从当前人们利用阳台的情况来看，对消防也有一些弊端，这主

要是，居住在楼房里的人们，有的还受着"破家值万贯"的旧观念影响，将家里已经破烂不堪的东西，仍习惯于放在阳台上，从而使阳台成了家庭的"物资仓库"。这样，万一遇到外来的飞火(如点燃的烟花爆竹，楼上扔下来的香烟头、火柴梗或其他辐射热源等)，阳台上放置的可燃物就有可能被引燃，进而引发火灾，并威胁室内和左邻右舍的安全，其危害是可想而知的。有的家庭为了防盗，还用钢筋将阳台全部罩住，这样做从防盗的角度看是有利的，但从消防角度看十分不利。因为一旦遇火灾时，用钢筋栏罩住的住宅里的人便无法由此逃生，消防人员的灭火救生行动，也会受到影响。

（3）道路封锁时的自救

当楼房等高层建筑发生火灾时，烟火容易封锁楼道。这时候，人们往往会惊慌失措，特别是在楼上的人，更是急得不知如何是好。一旦发生这种火灾，要临危不惧，首先要稳定自己的情绪，保持清醒的头脑，想办法就地灭火。如用水浇、用湿棉被覆盖等，如果不能马上扑灭，火势就会越烧越旺，人就有被火围困的危险，这时应该设法脱险。

有时楼房内着火，楼梯未着火，但浓烟往往朝楼梯间灌，楼上的人容易产生错觉，认为楼梯已被切断，没有退路了。其实大多数情况下，楼梯并未着火，完全可以设法夺路而出。即使楼梯被火焰封住了，如有可能，也可用湿棉被等物作掩护及早迅速冲出去。

如果楼梯确已被火烧断，似乎身临绝境，也应冷静地想一想，是否还有别的楼梯可走，是否可以从屋顶或阳台上转移，是否可以借用水管、竹竿或绳子等滑下来。只要多动脑筋，一般还是可以解救的。

如身在楼下，可从窗口跳出去。如身在楼上，而该层楼离地不太高，落点又不是硬地，可抓住窗户悬身窗外，伸直双臂以缩短与地面的距离，这样跃下可能扭伤腰椎骨，甚至折断腿骨，但总胜于坐以待毙。

充分利用走廊、房顶或其他建筑结构向邻居报警，相互接应、帮助。

可利用绳梯或木梯逃离火灾现场。在高楼里发生火灾，走廊里浓烟弥漫而无法通过时，只好从窗口逃走。如住在二楼或三楼，以防万一，可常备一根尼龙绳，在急救梯还未及时赶到的情况下，还能起一定的作用。在

某些情况下，梯子是最好的撤离工具。

　　发生火灾时，大人们或许还可以从二楼往下跳，但小孩就束手无策了。可先把棉被等物扔下去，再往下跳就比较安全些。小孩和老人须用毛毯之类包着吊下楼去。

　　如要破窗逃生，可用椅子砸或用脚踢破玻璃。如果必须用手破窗，先把手包上厚布；如果穿的是长袖厚上衣，则可用手肘击破玻璃。把散落在窗沿的玻璃弄掉，或盖上毯子或衣物，然后爬出去。

　　若无计可施，应关上房门，开窗挥手大喊求助。在阳台上求救，应

先关好后面的门窗。如没有阳台，要一面等候援救，一面设法阻止火势蔓延。极少有楼宇会因火灾而倒塌，除非是竹木建造，因此，如能阻止火势蔓延，生存机会就极大。

（4）火灾烟雾中的自救

当发生火灾时，由于建筑中大量使用可燃装修材料，在燃烧时会放出有毒气体，往往使人中毒死亡。因此，在火场要谨防吸入有毒气体，才能完全地逃离火场。如果无法逃离火场，还必须采取一定的措施，防止吸入有毒气体、烟雾。主要方法有以下几个方面：

阻止烟雾侵入自己周围：可以用湿毛巾、床单等把门缝堵上，再用水把门、墙、地板等凡可能燃烧的物体都弄湿。如果有地毯，把靠近房门处的地毯卷起来。靠近窗口的家具、沙发、台灯以及窗帘等也要掀开或扯下，以防止辐射热通过窗口传入屋内烤燃这些物品。同时要把自己的全身弄湿，并用湿毛巾捂住口和鼻子，还要保护好自己的眼睛。

越过烟雾，逃离火场：当楼梯间或走廊内只有烟雾，而没有被火封锁时，最基本的方法是，将脸尽量靠近墙壁和地面，因为此处有少量的空气层。避难姿势是将身体卧倒，使手和膝盖贴近地板。用手支撑，沿着墙壁移动，从而逃离现场。用浸湿的毛巾或手帕捂住嘴和鼻子，也能避免吸入烟雾。有的人将衬衣浸湿蒙住脸，也可脱离危险区。

关闭通向楼道的门窗：当楼梯和走廊中烟雾弥漫、被火封锁而不能逃离时，首先要关闭通向楼道的门窗。用湿布或湿毛毯等堵住烟雾侵袭的间隔，打开朝室外开的窗户，利用阳台和建筑的外部结构避难。应将上半身伸出窗外，避开烟雾，呼吸新鲜空气，等待救助。

发出呼救信号：当听到或看到地面上或楼层内的救护人员行动时，要大声呼救或将鲜艳的东西伸出窗外，这时救护人员就会发现有人被困而采取措施进行营救。

4.无路可逃时的自救

这里我们主要说一下无路可逃时的自救方法，避难的方式主要有以下两种：

（1）采用避难间自救

一是利用避难间。在综合性多功能的大型建筑物里，一般都在经常使用的电梯、楼梯、公共厕所附近以及走廊末端设置避难间。火灾时，可将短时间无法疏散到地面的人员、行动不便利的人员以及在火灾期间不容中断工作的人员，如医护人员、广播、通讯工作人员等，暂时疏散到避难间。

二是创造避难间。对于没有避难间的建筑物，或通路已被烟火封锁时，应创造避难间。如果房间中烟雾不大，就要关闭所有的门窗，并将靠近燃烧一侧的门窗顶死，然后用湿毛巾等将所有的孔洞堵死，最后向地面洒水降温，并淋湿房间中的一切可燃物，这样就创造了一个免于遇难的房间。

　　创造避难间时应注意以下问题：

　　不要轻信避难间。无疑，避难间是无路可逃时暂时性的避难场所，不可能是绝对安全的。所以，不要在能够疏散的情况下不疏散而创造避难间避难。

　　避难间要选择在有水源而又利于同外界联系的房间，以便同消防队、有关单位及外界人员联系。白天应在窗上放上屋内有人的明显标志，夜晚要打开电灯、手电等向外界报警求援。

　　不要轻易打开避难间。楼层火灾，尤其是高层建筑火灾，之所以蔓延迅速，都是由于打开了门窗所致。所以不到万不得已时，千万不要打开门窗。如果避难间内充满了浓烟，避难者无法忍受，可以打开背火一侧的门窗。开启门窗前，一定要先摸摸门窗是否发热，如果发热则不能开启，应选择其他出口。

　　如果大火突破了避难间，或者遇险者根本无处避难，那么就只剩下最后一条路了，扒住阳台或扒住窗台翻出窗外，以求绝地逢生。

（2）万不得已跳楼的自救

当大火逼近，楼层较低的住户在无路可逃时，可以采用跳楼逃生。这种方法一般只适用于三层以下楼房。跳楼时也不可盲目跳下，也应该掌握技巧，减轻对身体的伤害。

跳楼时应尽量往救生气垫中部跳，往楼下的石棉瓦车棚、花圃草地、水池河滨或枝叶茂盛的树上跳，这样可以减轻伤亡程度。要抱一些棉被、枕头等松软的物品或打开大雨伞跳下，这样可以减缓冲击力。

如果徒手跳楼，一定要扒窗台或阳台使身体自然下垂跳下，尽量

降低垂直距离，落地前要双手抱紧头部，身体弯曲蜷成一团，以减少伤害。徒手跳时要抱紧头部，身体弯曲，蜷成一团，这样可以减少头部着地的可能性。

　　此外，世界灾难学者也提出了不少"自救"技巧，其中，休斯地1991年提出的人们意想不到的"软家具加重法"，获得了专家们的赞扬。这种方法并不复杂，即在沙发、席梦思（最好数床相叠）等高楼上可以得到的家具下面捆上重物，如哑铃、带泥的花缸、水泥板等，总之，越重越好，然后人蹲在上面，两手紧紧抓住软家具从窗口或阳台被人推下。这样，由于这种"人物联合体"的重心在下面，因而上面的人不易翻转，而底下又有软物，因而获救的可能性较大，模拟实验也证实了这一点。

"杆棒跳楼法"也是一种不错的跳楼方法。西方的一名专家从美国人支撑竹竿过河的传统游戏竞赛中获得了灵感，提出了人们没想过的"杆棒跳楼法"。它只要一根结实的比人稍长的杆棒就行，木棒、竹竿、铁棍、钢管均可，但越结实越好，如有条件，杆棒两头应捆上重物（没有捆也可

用）。下跳时，双手将杆棒抱住，双腿夹住，两脚交叉扣住，如爬竹竿一样，头与手的上部、脚的下部务必留出一段，两头约50厘米。由于约80%的跳楼者坠地时不是头着地就是脚碰地，因此，抱杆跳楼者大多数是杆棒先撞地，这种方法在一定程度上可以减轻身体受伤害的程度。

（四）逃生中应注意的几种问题

1.逃生的误区

前面向大家介绍了火场逃生的一般原则和方法，内容比较详细，但在突然发生的火灾面前，有的人可能会一下子"蒙了"，不知道该怎么办，所以常常不假思索就采取行动。下面介绍的是有些人在逃生过程中采取的错误行为，给大家提个醒儿，万一遇到火灾，千万不要这样做。

（1）手一捂，冲出去

这是很多人特别是年轻人常常采取的错误逃生行为。其错误性主要表现在以下两个方面：其一，手不是过滤器，不能滤掉有毒烟气。人们平时在遇到难闻的气味或者沙尘天气时，往往不自觉地用手捂住口鼻，这其实是一种自我安慰的行为，其作用不大。所以，在紧急时刻，应采取正确的防烟措施，如用毛巾、手帕、衣服、领带等捂住口鼻（有条件的话，应浸湿后拧干再用）。其二，烟火无情，在其面前，人的生命很脆弱。面临火灾的时候，千万不要低估烟火的危险性。有些年轻人可能会仗着自己身强力壮、动作敏捷，认为不采取任何防护措施冲出烟火区也不会有多大危险。但很多火灾案例说明，人在烟火面前，真的是非常脆弱。很多人在烟气中奔跑两三步就倒下了，不少人就在跟"生"只有一步之遥的时候也倒下了。难道就差这一步吗？可就是这一步足以把生死分开。因此，在遇到火灾的时候，一定不要盲目地高估自己的力量而低估烟火的危害。

（2）为抢时间，乘电梯

这是非常不明智的选择。面对火灾，人们的第一个想法肯定是要马上远离它。为了抢在火魔肆虐之前离开建筑物，很多人可能会立即想到乘电梯。因为在我们的印象中，电梯的速度比较快，能给人们节省很多时间，所以，大多数人会认为它是最迅速的逃生工具，这是一种非常错误的想法。一定要记住，不管电梯平时是多么迅速快捷、省时省力，但在发生火灾的时候，千万不要乘电梯，因为这时的电梯是最危险的死胡同。我们知道电梯以电为动力。火灾发生时，切断电源往往是应急措施之一，即使电源不被切断，它的供电系统也极易出现故障，这样就会被困于电梯，反而陷入无法逃生、无法求救的困境，极有可能遭受烟气的危害而导致窒息死亡。

电梯竖井酷似庞大的烟囱，具有"烟囱效应"，是烟气、火灾蔓延最自然的通道，而且楼层越高，抽拔力就越强。轿厢上下运动，井道内空气被挤压，使得气流流动并产生压强变化，而且空气流动越快，产生的负压就越大，从而使火势愈加猛烈。因此，火灾中行驶的电梯自身难保。一般来说，轿厢停在某处时，其他楼层的电梯门被联动关闭，很难实施灭火救援行动。如若强行打开，恰好为火灾提供了新鲜的空气，扩大了火灾和烟气蔓延扩散的渠道。

再者电梯运载能力有限，人员密集场所发生火灾时，惊恐的人员拥入电梯更易造成混乱，反而容易延误安全逃离的良机。

（3）找亲朋，一起逃

在遭遇火灾的时候，如果同一座建筑物内还有自己的亲朋好友，很多人可能会在自己逃生之前先去寻找他们，这也是一种不可取的逃生行为。如果亲朋好友就在眼前，可以拉着一起逃生，这是最理想的。因为跟亲朋好友在一起，可以互相安慰，互相鼓励，共同度过劫难。而如果离得比较远，就没有必要到处寻找，因为这样会耽误宝贵的逃生时间。如果把宝贵的逃生时间花在互相寻找上，其结果可能是谁也跑不掉。明智的做法是各自逃生，到安全地方之后看看少了谁，再请求消防队员前去寻找、营救。

（4）走原路，不变通

当人们身处不熟悉的环境中时，最常见的火场逃生行为就是沿原路撤离建筑物。这是因为火场逃生意识的淡薄，使得处于陌生环境的人们没有首先熟悉建筑物内部布局及疏散路径的习惯。一旦发生火灾，就会不自觉地沿着进来的出入口和楼道寻找逃生路径，只有发现道路被堵塞时，才被迫寻找其他的出入口。然而，此时火灾可能已迅速蔓延，并产生大量的有毒气体，从而失去了最佳的逃生时间。因此，当我们进入陌生的建筑中时，一定要首先了解和熟悉周围环境、疏散路径，做到有备无患，防止发生意外。

（5）朝光亮走

朝光亮的地方行走。这是在紧急危险情况下，人的本能、生理、心理所决定的。人们总是向着有光、明亮的方向逃生，哪怕是很微弱的光亮，人们都会对其寄予生的希望。一般而言，光和亮意味着生存的希望，它能为逃生者指明方向，避免瞎摸乱撞而更易逃生。但在火场中，90%的可能是电源已被切断或者已经造成短路、跳闸等，有光和亮的地方恰恰是火魔肆无忌惮地逞威之地。因此，在黑暗的情况下，按照疏散指示标志的方向奔向太平门、疏散楼梯间、疏散通道才是可取的。

（6）盲目追随

没有自信盲目跟从也是非常不可取的。这是火场中被困人员的一种从众心理反应。当人的生命处于危险之时，极易由于惊慌失措而失去正常的判断思维能力，认为别人的判断是正确的。于是，当听到或者看到有人在前面跑时，人们本能的第一反应就是盲目紧随其后。常见的行为表现有跳窗、跳楼，躲进卫生间、角落等，而不是积极寻找出路或者逃生方法。要克服这种行为的方法就是平时加强学习和训练，积累一定的防火自救知识与逃生技能，树立自信，方能处危不惊。

（7）自高向下

俗话说：人往高处走，火焰向上飘。当高楼大厦发生火灾，特别是高层建筑一旦失火，人们总是习惯性地认为：火是从下面往上着的，越高越危险，越下越安全，只有尽快逃到一层，跑出室外，才有生的希望。殊不知，这时的下层可能是一片火海，盲目地朝楼下逃生，岂不是自投火海吗?随着消防装备现代化的不断提高，在发生火灾时，有条件的可登上房顶或在房间内采取有效的防烟、防火措施后等待救援也不失为明智之举。要想安全逃生，只有先了解火情，若确实不能够从下面撤离，就应该在房间内采取有效的防烟、防火措施，等待救援。

（8）冒险跳楼

盲目选择跳楼出逃最容易酿成伤亡。火灾发生初期，火场人员会立即做出第一反应，这时的反应大多还是比较明智的。但是，当发现选择的逃生路线错误而又被大火包围时，看到火势越来越大，烟雾越来越浓，就很容易失去理智，往往会选择跳楼等不明智之举。实际上，与其采取冒险行

为，不如稳定情绪，另谋生路，只要有一线生机，切忌盲目跳楼。

因此，只有了解了正确的出逃方法，把握最佳的出逃时机，才能避免人员的伤亡。

2.心理活动对身体行为的影响

发生火灾后，由于每个人的承受能力不同，心理素质不同，所表现出来的状态就不同，心态的变化也总是支配着行为的变化，因此，遇到火灾时不同的心理状态也就呈现出了不同的行为习惯。事实上，就一般情况而言，即使灾难对人类造成的危害非常小，也会使人陷入过分的恐怖中。害怕和恐怖的程度因人而易，反过来说，正像代表每个人性格的理性判断那样，当其消失的时候就成了没有个性的人。这些人汇集成群，共同拥有不安和恐怖，显示出发生灾难时特有的心理，会导致比灾难本身更加严重的灾害。这个人群是由本无联系的人未经组织而形成的团体，混乱时，如果没有可依赖的人，就必定会陷入周围的氛围中，由于共同具备的不安，就易于听从谣言或错误的诱导。

从心理角度看，人群易受到周围人的感情支配，大家自然而然地会在火灾后聚集在一起。这种聚集是偶然的临时产生的，是一个没有任务分担的团体。当人们处于烟和火的环境下，为了逃避危险，要采取疏散行动。此时的心情因人而异，遇到火灾时的烟雾、异臭、停电、嘈杂等状况，常常会导致恐慌，甚至有的人一看见烟和火就会陷入不知所措的状态中。疏散时，如果出现停电、听见惨叫或怒吼声，往往会导致恐慌的发生。如果得不到情报或是情报不正确，人们无法疏散、火灾现场发生变化、疏散人

员的行动不统一等，都会使不安的心情加剧，最终导致恐慌。由于烟雾和火的刺激，判断力减弱，身体不适时，便惊慌失措，从而延误了采取疏散行动的时机。其中一个因素，就会导致恐慌的发生。

当疏散通道被烟和火隔断、疏散门上锁、或有障碍物时，疏散人员左右乱窜，互相撞倒，使心理上更加惊慌，最终陷入恐慌状态。一旦由于上述原因发生恐慌，人们就很难接受外部的控制，这些失去正常判断能力的人们聚集在一起，有时会导致极为惨痛的灾难。

这些聚集在一起的人群，行为上很容易发生盲目性。通常情况下不是自己来判断逃生的方向，而是跟在前面的人或是大多数人的后面，胡乱出逃。当人们对情况无法作出冷静的判断时，往往返回进来时的线路上，出逃时也容易朝着光亮的方向奔跑。人们在日常生活中，除了就寝之外，大部分时间生活在明亮的环境下，对黑暗都有一种不安的感觉。因此，当突如其来的烟雾遮挡住视线，陷入无法照明的黑暗世界时，习惯上都朝着有亮光的方向逃跑。

有烟和火时，往往朝着看不见烟和火的方向逃跑。疏散行动变成了只着眼于眼前危险的单纯行动。被烟和火追得走投无路，没有其他逃生办法时，往往会采取从高处跳下等意想不到的冲动行为。如果大家盲目跟随，后果可想而知。

3.加强心理素质的训练

在遇到突如其来的灾难时，除了要提高防火意识，掌握逃生技巧外，还要加强心理素质的训练，做到遇到火灾不慌乱。很多人在遭遇危险时，常常会失去理智，或因恐惧而陷入心理慌乱。在突发的火灾事件中，较常见的反应有五种类型。

（1）目瞪口呆型

当听到失火的警报或喊叫时，有的人慌忙打开自己的房门，一阵热浪迎面冲击过来，发现已经身陷火海之中，完全被眼前残酷的情形所惊呆，头脑中一片空白，只能呆呆地站立，或瘫坐在床上，任凭火势的发展，有

时连被救援的机会都会错过，这种反应多见女生。

（2）**不知所措型**

较上一种反应有些差别，这种人多会大喊大叫，作出一些扑救的行为，同时思维开始混乱，无法判定火灾情势，犹豫于扑救和逃生之间，举棋不定，极易丧失扑灭火灾和安全疏散的大好时机。对消防知识不了解、心理承受能力不强的人，易犯这种错误。

（3）**横冲直撞型**

发现火灾，不知该往哪个方向疏散，有很强的从众反应，或向着光线较强的方向奔跑，头脑中只有一个念头——逃生，而不去做任何的思考，往往是撞进死胡同，在一个墙角或是衣柜旁做无用的努力，白白浪费疏散的时间，错失逃生的机会。这种反应多见对环境不熟悉、逻辑思维能力较差的人群。

（4）情绪激动型

这是一种非常危险的反应，他们多会奋勇直前，不顾一切，在火场中猛冲，有一定的方向性，也能奔至阳台或楼顶等暂时性避难地带，可由于对火场缺少判断，对火灾极度恐惧，导致心情激动，易造成不必要的伤亡，表现最突出的是从阳台上跳下。这种反应多见男生。

（5）沉着冷静型

具有一定的消防常识，或经历过火灾，有成熟的思考，能对初起火灾进行正确的处理，顺利到达安全地带，积极主动地等候和配合救援工作，并能带领其他人疏散，这种反应常见于训练有素的学生。

要在火灾中具备第五种反应并不难，除了平时要加强心理承受能力培养和养成逻辑思维的习惯，还需要注意：当进入了一个新的场所，首先要对场所的基本情况有必要的了解，清楚建筑的平面布局，了解安全出口的数量和位置、安全通道、房屋装修的可燃程度和消防设备的配备等情况，明确自己要注意的事项，假想出逃生的路线，并且要熟练掌握一些必要的简单保护措施，未雨绸缪，以达到确保安全的目的。

4.逃生时要保护老弱妇孺等弱者

在发生火灾出逃时，最容易受到伤害的便是老人儿童。据火灾统计表明，老人、妇女、儿童、病人因其体弱力薄，生理或心理上不健全，往往是众多火灾的觊觎者和直接受害者，他们是火灾中的"弱者"。保护和关心他们是全社会与火灾斗争的共同责任。

保护消防"弱者"，需要社会更多的关爱和呵护。怎样才能更好地保护他们，使他们免遭无情火魔的涂炭呢？

第一，全社会要为弱势群体提供一个良好的消防安全生存环境。幼儿园、医院、学校和劳动密集型厂房是老人、妇女、儿童集中的场所。这些场所应认真执行国家有关消防安全法规的要求，提高建筑的耐火等级，按要求设施防火分区，配置完善的消防基础设施，时刻保持消防通道的畅通。要加强用火、用电、用气的消防安全管理，及时消除各类存在的火灾隐患，周密考虑和落实各项消防安全措施，为他们提供良好的

消防安全环境。

第二，要加强对老人、妇女、儿童及病患者的消防安全宣传教育，提高他们的消防安全意识和技能。因为他们在社会群体中要么身残体弱，要么心理脆弱，他们在许多突发性的火灾事故中往往因应付失当或举止失措，而成为火灾的直接受害者。有的甚至因不懂如何防火而助火为虐，成为一些火灾事故的肇事者。因此，全社会应加强对他们的消防安全宣传教育，提高他们的消防安全意识和处理突发火灾事故的能力，增强自我防范意识和保护能力。家庭、学校、幼儿园、敬老院、医院等单位应主动承担起消防宣传的职责，加强对他们的消防宣传教育，使他们了解火灾的危害性，掌握必备的消防安全基本知识和常用灭火技能，从心理上、意识上和行动上筑起一道坚不可摧的抵御火灾的防线。

第三，家庭和有关单位应主动承担起消防安全责任。帮助弱者，保护弱者是全社会的共同责任。"家庭是社会的一个天然的基层细胞，人类美好的生活在这里实现，人类胜利的力量在这里滋长。"所以家庭应首先主动承担起对他们的消防安全监护，对家庭中的儿童、老人、病人应加强照顾，勤于护理，对可能危及他们生命安全的火灾隐患应及时排除，不要让他们接触易燃易爆危险物品或从事具有一定火灾危险性的作业，为他们提供一个安全的生活环境。有的家庭中的老人和小孩主动承担起炊火烧饭的家务，但殊不知这易导致家庭火灾事故的发生；还有的家庭子女远在异地，疏于照顾老人。老人孤单寂寞，又行动不便，一旦招惹火灾极易成火灾的殉难者。有的父母疏于照看儿童，在外出时将他们锁在室内，一旦发生火灾难以逃生。医院、幼儿园、学校等单位应创造良好的消防安全条件，提供良好的消防安全保障。学校、幼儿园、医院、敬老院、劳动密集型企业等单位、场所应主动承担起相应的消防安全监护职责，加强照看和管理教育，及时消除火源，确保消防安全。

第四，政府职能部门应加强对老人、儿童、妇女、病患者集中场所的消防安全监督检查。幼儿园、学校、医院、养老院和劳动密集型场所也是公众聚集场所，一旦发生火灾，极易造成群死群伤恶性火灾事故，是消防安全工作的重中之重。各级政府部门特别是公安消防机构对此应加强安全监督检查，对这类单位和场所的消防安全从建筑防火审核等源头工作抓起，督促配置相应的消防设施器材，采取积极有效的消防安全措施，对发现的火灾隐患要责令有关单位限期改正。对改正不合格、达不到消防安全要求的，要依法采取坚决有力的强制性措施，直至责令停止使用或停止生产，绝不能养痈成患，姑息成灾。

5.懂得预测火灾房屋坍塌

高层建筑发生火灾时很容易造成房屋的坍塌，懂得预测房屋坍塌的时间，能够在房屋倒掉之前出逃，可减少重物下落对人体造成的伤害。那么我们来了解一下建筑材料在受热燃烧后何时达到受灾极限。

（1）**从几种常见的建筑材料的耐火极限预测**

钢材受600℃高温达15分钟后，将失去承重强度。可根据火势大小，判断温度，再判断燃烧时间，超过这个时间，房屋倒塌的可能性就很大。

预应力钢盘混凝土在300℃高温作用下，将失去预应力，使承受能力急剧下降。

钢筋混凝土在超过400℃的高温下，将发生变形、开裂或表面剥落。

木材超过260℃即急剧分解。

塑料在300℃高温时，失去作用。

（2）**从吊顶的耐火性能预测**

钢丝抹灰吊顶，着火后18分钟倒塌。

板条抹灰吊顶，着火后17分钟左右烧焦坍塌。

水泥刨花板吊顶，着火后8分钟烧塌。

（3）从几种屋架耐火情况预测

木质结构，着火20~25分钟烧毁坍塌。

预应力混凝土，着火15~20分钟承重能力降低。

钢结构，受火10~15分钟失去支撑作用。

6.了解中国消防安全标志

中国消防安全标志是由安全色、几何图形和图形符号构成，用以表达特定的安全信息。悬挂消防安全标志的目的是引起人们对不安全因素的注意，预防发生事故，但不能代替消防安全操作规程和防护措施。

我们介绍了关于火灾的很多知识，只有认识了火灾，了解了它的特性，我们才能有针对性地进行预防和消灭。因此，要求我们每一个人都要提高防火的意识，加强对消防知识的学习，提高火场逃生和自救的能力，以便减少人身伤亡，降低国家的财产损失，稳定社会的发展，促进社会的进步，将火灾造成的损失降到最低。